☞ 从新手到高手 ◄

剪映短视频剪辑
从新手到高手

贾瑞 / 编著

清华大学出版社

北京

内容简介

本书旨在帮助读者快速精通剪映手机版和电脑版的操作方法和使用技巧，主要介绍了剪映的基本功能、添加文字、音乐、特效、动画和滤镜等方面的知识和技巧，通过具有针对性的实操案例教学，将以上所学知识融会贯通，实现从视频剪辑"小白"到高手的进阶，帮助读者制作出想要的专业视频效果，助力视频作品更加具有吸引力。

本书适合广大视频爱好者、短视频玩家和想要寻求突破的视频后期制作人员阅读，也适合想要学习剪映的初、中级读者阅读，还可以作为社会培训机构、短视频运营单位的入职培训教材使用，同时还可以满足视频剪辑爱好者、旅游爱好者、博主、视频自媒体运营者等人群学习视频剪辑的需求。

图书在版编目（CIP）数据

剪映短视频剪辑从新手到高手 / 贾瑞编著. —北京：清华大学出版社，2023.5（2024.1 重印）
（从新手到高手）
ISBN 978-7-302-63280-1

Ⅰ. ①剪… Ⅱ. ①贾… Ⅲ. ①视频编辑软件 Ⅳ. ①TP317.53

中国国家版本馆CIP数据核字（2023）第057178号

责任编辑：张　敏
封面设计：郭二鹏
责任校对：徐俊伟
责任印制：沈　露

出版发行：清华大学出版社
　　　　　网　　　　　址：https://www.tup.com.cn, https://www.wqxuetang.com
　　　　　地　　　　　址：北京清华大学学研大厦A座　　　　邮　　编：100084
　　　　　社　总　机：010-83470000　　　　　　　　　邮　　购：010-62786544
　　　　　投稿与读者服务：010-62776969，c-service@tup.tsinghua.edu.cn
　　　　　质　量　反　馈：010-62772015，zhiliang@tup.tsinghua.edu.cn
　　　　　课　件　下　载：https://www.tup.com.cn, 010-83470236
印　装　者：北京博海升彩色印刷有限公司
经　　　销：全国新华书店
开　　　本：170mm×240mm　　　印　　张：10.25　　　字　　数：247千字
版　　　次：2023年7月第1版　　　印　　次：2024年1月第2次印刷
定　　　价：69.80元

产品编号：099088-01

前言

目前，短视频已成为人们娱乐、消遣和记录生活，甚至是学习、了解资讯的主流媒体形式，还有很多用户以短视频拍摄和运营为职业，从中赢得更多的商业机会，人们越来越喜欢用短视频来展示自己的个性与风格。一个成功的爆款短视频，能够使拍摄者和演员在短时间内吸引大量观众的注意。本书以剪映手机版和电脑版为主要操作平台，结合实战案例进行详细讲解，希望能够帮助读者提升视频剪辑技能。

相比专业的视频后期软件，如 Premiere 或者 Final Cut Pro，剪映作为一款简单易学的视频剪辑软件，可以让零基础的新手"小白"以较低的学习成本制作出同样精彩的短视频。本书为了让每个人都能学会短视频剪辑，采用简单明了的语言进行编写，拒绝深奥、复杂的理论，能够帮助读者快速代入，全书主要分为以下两个方面内容。

一、剪映手机版

1. 剪辑视频的基本操作

本书第 1 章开篇便对剪映手机版的工作界面进行介绍，了解工作界面是熟悉软件的第 1 步。本书第 1 章还介绍了导入素材、缩放轨道、操作剪辑工具、替换素材、对素材进行变速等内容，这部分内容是学会剪映手机版软件的基础，几乎能够帮助读者完成短视频的所有剪辑需求。

2. 视频剪辑进阶技巧和实操教学

本书第 2 ~ 5 章介绍了应用"调节"功能、应用"动画"功能、应用"转场"和"特效"功能、为视频添加字幕、为视频添加音乐和音效等技巧，采用"技巧＋案例"的方式，帮助读者进一步了解剪映各项功能的使用方法，剪辑出更加高级、出彩的视频。

二、剪映电脑版

1. 剪辑视频的基本操作

本书第 6 章主要介绍了认识剪映电脑版软件、导入和导出素材、分割素材、缩放和变速素材、倒放和定格素材等视频剪辑的基本操作知识，同时还通过讲解调整与处理视频画面的一些实战案例，达到理论知识与实际操作相结合的目的。

2. 视频剪辑进阶技巧和实操教学

本书第 7 ~ 11 章全面介绍了使用滤镜调整视频色彩与色调、为视频添加字幕和贴纸、编辑音频和制作卡点视频、视频抠像与蒙版应用、为视频添加转场效果等内容。

3. 综合案例

本书第 12 章，通过制作 Vlog 片头和制作轮播相册两个大型综合案例的详细介绍，使读者大致掌握抖音热门视频的制作方法和套路，真正做到举一反三。

为了方便读者学习，本书提供了与书中有关知识点和案例相配套的学习素材，读者可以使用手机浏览器或者微信扫描下方的二维码，免费下载获取本书的素材文件、效果文件和教学 PPT 课件。

素材文件和效果文件

教学课件 PPT

本书作者凝聚积累了多年的工作经验，通过对知识点的归纳总结，拓展读者的视野，鼓励读者多尝试、多练习、多思考、多动脑，以此提高读者的动手能力。希望读者在阅读本书之后，能增长实践操作技能，并从中学习和总结操作的经验和规律，达到灵活运用的水平。

编者

目录

第 1 章
随心所欲快速剪辑视频

【本章主要内容】

本章主要介绍认识剪映手机版界面、导入视频素材、缩放轨道、使用剪辑工具、替换素材和变速视频方面的知识与技巧，在本章的最后还针对实际的工作需求，讲解时光倒流效果、拍照定格效果、美颜人物、使用滤镜、添加贴纸特效、快速抠图等的制作方法。通过本章的学习，读者可以掌握使用剪映手机版快速剪辑视频的知识，为深入学习剪映奠定基础。

本章学习素材

■ 1.1 认识剪映界面

作为抖音推出的剪辑工具，剪映可以说是一款非常适用于视频创作新手的剪辑"神器"，它操作简单且功能强大，以及与抖音的衔接应用功能，深受广大用户的喜爱。本节将详细介绍有关剪映界面的知识。

短视频的拍摄与上传非常讲求时效性，对于许多非专业短视频创作者来说，要用专业的设备完成视频的拍摄和处理工作，是一件费时费力的事情。一些追求时效性和轻量化的短视频创作者更希望使用一部手机就能完成拍摄、编辑、分享、管理等一系列工作，而剪映恰好能满足他们的这一需求。

剪映手机版的工作界面非常简洁明了，各工具按钮下方附有相关文字，用户可以对照文字轻松地管理和制作视频。下面将剪映手机版的工作界面分为"主界面"和"编辑界面"两部分进行介绍。

1.1.1 主界面

打开剪映，首先映入眼帘的是主界面，如图 1-1 所示。通过点击界面底部的"剪辑"✂️、"剪同款"▶️、"创作课堂"🎓、"消息"🔔和"我的"👤按钮，可以切换至对应的功能界面。

1.1.2 编辑界面

在主界面中点击"开始创作"按钮➕可进入素材添加界面，选择相应素材并点击"添加"按钮，即可进入视频编辑界面，用户可以在其中对视频进行裁剪，添加文字、贴纸、特效及音频等操作，如图 1-2 所示。

图 1-1

图 1-2

知识常识

　　剪映的基础功能和其他视频剪辑软件类似，都具备视频剪辑，添加音频、贴纸、滤镜和特效，以及比例调整等功能。但相较于其他软件，剪映的功能更加全面、便捷，可以无损应用到抖音视频中，剪映更像是一个等待用户去挖掘的宝藏，需要用户不断琢磨和练习来实现更多特殊效果的制作。

■ 1.2　导入视频素材

　　在剪映手机版中导入视频素材的方法非常简单，打开剪映，点击"开始创作"按钮，进入素材添加界面，选择准备导入的视频素材，点击"添加"按钮，即可将视频素材导入剪映中。下面详细介绍导入视频素材的方法。

　　Step 01 打开剪映应用，点击"开始创作"按钮［＋］，如图 1-3 所示。

　　Step 02 进入素材添加界面，选择准备导入的视频素材，点击"添加"按钮，如图 1-4 所示。

　　通过以上步骤即可完成在剪映手机版中导入视频素材的操作，如图 1-5 所示。

图 1-3　　　　　　　　　　　图 1-4　　　　　　　　　　　图 1-5

■ 1.3　缩放轨道精细剪辑

如果视频素材比较短，只有几秒钟时间，以秒为单位进行剪辑可能不够精细，此时用户可以放大时间轨道，将单位精确到帧，再进行剪辑操作时就更精确一些。本节将详细介绍缩放轨道的知识。

在剪映手机版的编辑界面中，使用两个手指按住时间轨道向外滑动，即可放大时间轨道，反之向内滑动即可缩小时间轨道。图 1-6 和图 1-7 所示分别为以帧为单位的时间轨道和以秒为单位的时间轨道。

图 1-6

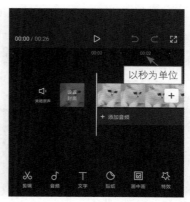

图 1-7

■ 1.4 剪辑工具的简单操作

将视频素材导入剪映手机版后，用户就可以对素材进行剪辑操作了，如分割素材、删除素材、编辑素材及复制素材等。本节将详细介绍使用剪辑工具对视频素材进行剪辑的知识。

在编辑界面点击素材将其选中，在下方的编辑工具栏中即可选择相应的工具对视频进行编辑。

1.4.1 分割素材

点击"分割"按钮 ，即可将视频在当前时间指示器所在位置分割成两段，如图 1-8 和图 1-9 所示。

图 1-8   图 1-9

1.4.2 删除素材

点击第 1 段素材将其选中，在编辑界面下方点击"删除"按钮 ，即可将该素材删除，轨道中第 2 段素材自动填补第 1 段素材的空缺，如图 1-10 和图 1-11 所示。

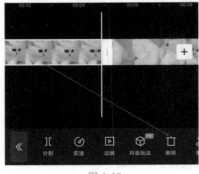

图 1-10   图 1-11

1.4.3　编辑素材

点击素材将其选中，在编辑界面下方点击"编辑"按钮🔲，即可进入编辑工具栏，工具栏中包括"旋转"按钮🔄、"镜像"按钮🔀和"裁剪"按钮🔲 3 个功能，如图 1-12 和图 1-13 所示。

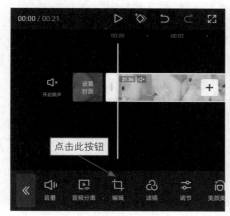

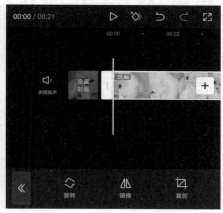

图 1-12　　　　　　　　　　　　　　　　　图 1-13

点击"旋转"按钮🔄，素材会按照顺时针方向旋转 90°，如图 1-14 所示。连续点击 4 次该按钮会回到原来的方向。

点击"镜像"按钮🔀，素材会沿水平方向 180° 翻转，如图 1-15 所示。

点击"裁剪"按钮🔲将进入裁剪工具栏，用户可以根据需要对画面进行各种比例的裁剪，如图 1-16 所示。

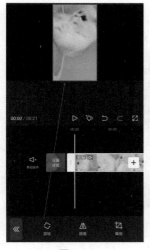

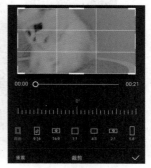

图 1-14　　　　　　　　　　　　图 1-15　　　　　　　　　　　　图 1-16

1.4.4　复制素材

点击素材将其选中，在编辑界面下方点击"复制"按钮🗐，即可对素材进行复制，如图 1-17 和图 1-18 所示。

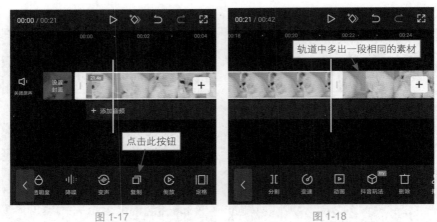

图 1-17　　　　　　　　　　　　　　图 1-18

■ 1.5　替换素材的方法

如果觉得已导入剪映手机版中的素材不够好，想要使用其他素材替换已有素材，可以点击编辑界面中的"替换"按钮🔁，重新选择素材，添加到剪映中即可。本节将详细介绍在剪映手机版中替换素材的知识。

Step 01　在素材添加界面点击视频素材并将其选中，在下方点击"替换"按钮🔁，如图 1-19 所示。

Step 02　进入素材添加界面，点击准备替换的素材，如图 1-20 所示。

图 1-19　　　　　　　　　　　　　　图 1-20

Step 03　进入导入界面，点击"确认"按钮，如图 1-21 所示。

通过以上步骤即可完成在剪映手机版中替换素材的操作，如图 1-22 所示。

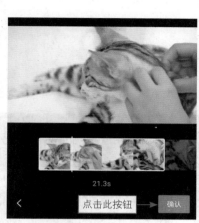
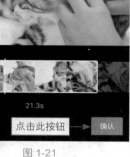

图 1-21　　　　　　　　　　　　　图 1-22

■ 1.6　蒙太奇变速播放效果

在制作短视频时，经常需要对素材片段进行一些变速处理。例如，使用快节奏音乐搭配快速镜头，让观众情不自禁地跟随画面和音乐摇摆；或者使用慢速镜头搭配节奏轻缓的音乐，使视频的节奏也变得舒缓，让人心情放松。

在剪映手机版中，视频素材的播放速度是可以进行自由调节的，通过调节可以将视频片段的速度加快或变慢。在轨道区域中选中一段正常播速的视频片段（该视频片段时长为 26 秒），然后在底部点击"变速"按钮，如图 1-23 所示。此时可以看到工具栏中出现了"常规变速"和"曲线变速"两个变速选项，如图 1-24 所示。

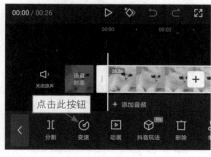

图 1-23　　　　　　　　　　　　　图 1-24

1.6.1　常规变速

　　点击"常规变速"按钮，可打开对应的变速选项栏，如图1-25所示。一般情况下，视频素材的原始倍速为1x，拖动变速按钮可以调整视频的播放速度。当倍数大于1x时，视频的播放速度将变快；当倍数小于1x时，视频的播放速度将变慢。完成变速调整后，点击右下角的✔按钮，即可实现视频变速。

1.6.2　曲线变速

　　点击"曲线变速"按钮，可打开对应的变速选项栏，如图1-26所示。在选项栏中罗列了不同的变速曲线选项，包括原始、自定、蒙太奇、英雄时刻、子弹时间等变速选项。

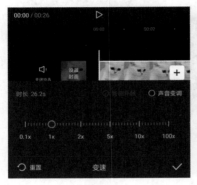

图 1-25

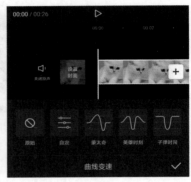

图 1-26

　　在选项栏中点击除"原始"选项外的任意一个变速曲线选项，可以实时预览变速效果。以"蒙太奇"选项为例，首次点击该按钮，将在预览区域中自动展示变速效果，此时可以看到"蒙太奇"按钮变为红色状态，如图1-27所示。再次点击该按钮，会进入曲线编辑面板，如图1-28所示，在这里可以看到曲线的起伏状态，左上角显示了应用该速度曲线后素材的时长变化。此外，用户还可以对曲线中的各个控制点进行拖动调整，以满足不同的播放速度要求。

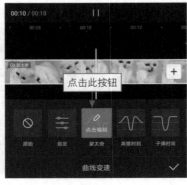

图 1-27

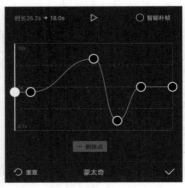

图 1-28

知识常识

　　需要注意的是，当用户对素材进行常规变速操作时，素材的长度也会发生相应的变化。简单来说，就是当倍速增大时，视频的播放速度会变快，素材的持续时间会变短；当倍速减小时，视频的播放速度会变慢，素材的持续时间会变长。

■ 1.7　制作时光倒流效果

　　对于一些方向性比较强的视频素材，如气球升空、花朵绽放、爆炸、水流、车流等，使用剪映手机版中的"倒放"功能，再配合适当的音效，就可以营造出一种时光倒流的特效。本节将详细介绍制作时光倒流效果的方法。

微视频

> 实例素材文件保存路径：配套素材 \ 素材文件 \ 第 1 章 \ 海浪
> 实例效果文件名称：时光倒流效果 .mp4

Step01　将素材添加到剪映手机版的编辑界面，点击"剪辑"按钮 ✂，如图 1-29 所示。

Step02　进入剪辑界面，点击"倒放"按钮 ▶，如图 1-30 所示。

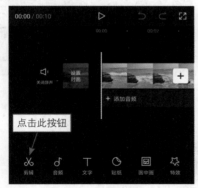

图 1-29

图 1-30

　　通过以上步骤即可完成制作时光倒流效果的操作，如图 1-31 所示。

图 1-31

■ 1.8 制作拍照定格效果

通过剪映的"定格"功能，可以让视频画面定格在某个瞬间。用户在遇到精彩的画面镜头时，即可使用"定格"功能来延长这个镜头的播放时间，从而增加视频对观众的吸引力。下面介绍制作定格片段画面效果的操作方法。

微视频

实例素材文件保存路径：配套素材\素材文件\第 1 章\猫 .mp4

实例效果文件名称：拍照定格效果 .mp4

Step 01 将素材添加到剪映手机版的编辑界面，点击"剪辑"按钮，如图 1-32 所示。

Step 02 进入剪辑界面，点击"定格"按钮，如图 1-33 所示。

图 1-32

图 1-33

通过以上步骤即可完成制作拍照定格效果的操作，如图 1-34 所示。

图 1-34

■ 1.9　打造人物精致容颜

如今手机相机的像素越来越高，在自拍时脸部的毛孔、痘痘和雀斑时常无所遁形，而且普通人的脸型也不是完全对称的，这对于一些喜爱自拍的人来说不太友好。使用剪映手机版的"美颜美体"功能就可以轻松遮盖脸部瑕疵并修饰脸型。

微视频

实例素材文件保存路径：配套素材 \ 素材文件 \ 第 1 章 \ 脸部特写 .jpg
实例效果文件名称：打造人物精致容颜 .mp4

Step 01 将素材添加到剪映手机版的编辑界面，点击"剪辑"按钮✂，如图 1-35 所示。
Step 02 进入剪辑界面，点击"美颜美体"按钮，如图 1-36 所示。
Step 03 进入美颜美体界面，点击"美颜"按钮，如图 1-37 所示。

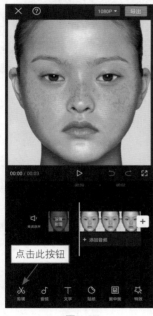

图 1-35

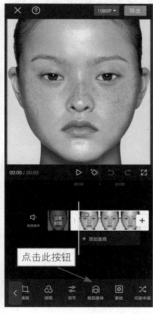

图 1-36

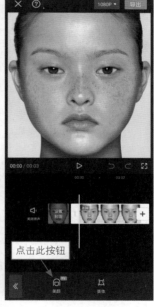

图 1-37

Step 04 进入美颜界面，点击"智能美颜"按钮，点击"磨皮"按钮，拖动下方的圆形按钮至最大值，如图 1-38 所示。
Step 05 点击"大眼"按钮，拖动下方的圆形按钮至最大值，如图 1-39 所示。
Step 06 点击"美白"按钮，拖动下方的圆形按钮至最大值，如图 1-40 所示。

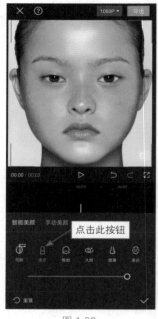
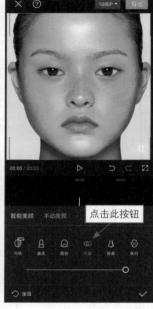
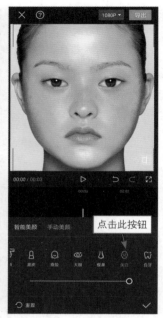

图 1-38 　　　　　图 1-39 　　　　　图 1-40

■ 1.10　使用滤镜增加画面色彩

微视频

通过为素材添加滤镜，可以很好地掩盖拍摄造成的缺陷，并且可以使画面更加生动、绚丽。剪映为用户提供了数十种视频滤镜特效，合理运用这些滤镜效果，可以模拟各种艺术效果，并对素材进行美化，从而使视频作品更加引人注目。

> 实例素材文件保存路径：配套素材 \ 素材文件 \ 第 1 章 \ 美食 .jpg
> 实例效果文件名称：使用滤镜增加画面色彩 .mp4

Step 01 将素材添加到剪映手机版的编辑界面，点击"滤镜"按钮，如图 1-41 所示。

Step 02 进入滤镜界面，点击"美食"按钮，点击"西餐"滤镜，如图 1-42 所示。

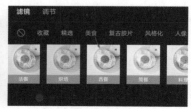

图 1-41 　　　　　　　　图 1-42

Step 03 可以看到素材已经添加了"西餐"滤镜，拖动下方的圆形按钮至最大值，点击右下角的 ✓ 按钮，即可完成为素材添加滤镜的操作，如图 1-43 所示。

图 1-43

■ 1.11　添加贴纸特效

微视频

在前面的小节中，笔者已经带领大家学习了短视频的基本剪辑、画面调色等操作，在此基础上，如果想让自己的作品更加引人注目，不妨尝试在画面中添加一些特效动画装饰元素，如贴纸等，从而在增加视频完整性的同时，还能为视频增添趣味性。

> 实例素材文件保存路径：配套素材 \ 素材文件 \ 第 1 章 \ 猫咪 .mp4
> 实例效果文件名称：添加贴纸特效 .mp4

Step 01 将素材添加到剪映手机版的编辑界面，点击"贴纸"按钮 ◑，如图 1-44 所示。

Step 02 进入特效界面，点击"添加贴纸"按钮 ◑，如图 1-45 所示。

Step 03 进入贴纸界面，点击"互动"按钮，点击准备添加的贴纸特效，如图 1-46 所示。

图 1-44

图 1-45

图 1-46

Step 04 可以看到贴纸已经添加到画面中，按住贴纸右下角的图标并向内拖动，缩小贴纸大小；并移动贴纸至合适的位置，点击右下角的 ✓ 按钮，如图 1-47 所示。

Step 05 调整贴纸的持续时间与素材一致，通过以上步骤即可完成添加贴纸特效的操作，如图 1-48 所示。

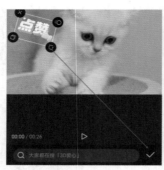

图 1-47   图 1-48

■ 1.12 快速制作抠图效果

微视频

剪映手机版中有 3 种抠图选项可供用户选择，分别为智能抠图、自定义抠图和色度抠图。本小节以智能抠图为例，详细介绍快速将人物从背景中抠出来的方法，非常适合毫无抠图基础的新手"小白"使用。

实例素材文件保存路径：配套素材 \ 素材文件 \ 第 1 章 \ 抠图人像 .jpg
实例效果文件名称：抠图效果 .mp4

Step01 将素材添加到剪映手机版的编辑界面，点击"剪辑"按钮✂️，如图 1-49 所示。

Step02 进入剪辑界面，点击"抠像"按钮👤，如图 1-50 所示。

Step03 进入抠像界面，点击"智能抠像"按钮👤，可以看到素材只保留人像，背景已经被抠除，如图 1-51 所示。

图 1-49   图 1-50   图 1-51

第 2 章
润色视频画面增加美感

【本章主要内容】

　　本章主要介绍应用"调节"功能调整画面、应用"动画"功能丰富素材、制作清新日系漫画风调色、制作磨砂纹理落日调色、制作黑金色调城市夜景视频、为人物美颜，以及制作赛博朋克风视频的方法。通过本章的学习，读者可以掌握润色视频画面方面的知识，为深入学习剪映知识奠定基础。

本章学习素材

■ 2.1　应用"调节"功能调整画面

　　在剪映手机版中，大家除了可以运用滤镜效果改善画面色调，还可以通过手动调节亮度、对比度、饱和度等色彩参数，进一步营造自己想要的画面效果。下面详细介绍应用"调节"功能调整画面色彩的操作方法。

微视频

　　将素材添加至编辑界面，然后点击底部工具栏中的"调节"按钮 ，打开调节选项栏对素材进行色彩调整，如图 2-1 和图 2-2 所示。

图 2-1

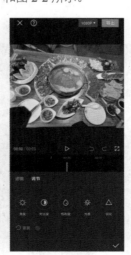

图 2-2

调节选项栏中包含了"亮度""对比度""饱和度"和"色温"等色彩调节选项，下面进行具体介绍。

- 亮度：用于调整画面的明亮程度。数值越大，画面越明亮。
- 对比度：用于调整画面黑与白的比值。数值越大，从黑到白的渐变层次就越多，色彩的表现也会更加丰富。
- 饱和度：用于调整画面色彩的鲜艳程度。数值越大，画面饱和度越高，画面色彩就越鲜艳。
- 锐化：用来调整画面的锐化程度。数值越大，画面细节越丰富。
- 高光/阴影：用来改善画面中的高光或阴影部分。
- 色温：用来调整画面中色彩的冷暖倾向。数值越大，画面越偏向于暖色；数值越小，画面越偏向于冷色。
- 色调：用来调整画面中颜色的倾向。
- 褪色：用来调整画面中颜色的附着程度。

在日常拍摄时，由于天气、光线等外界因素，拍摄的素材可能会出现画面暗沉、没有亮点的情况，用户可以尝试通过调色处理，将不起眼的素材加以包装美化。下面详细介绍应用"调节"功能调整素材的方法。

实例素材文件保存路径：配套素材 \ 素材文件 \ 第 2 章 \ 火锅 .jpg
实例效果文件名称：应用"调节"功能调整画面 .mp4

Step01 在调节界面中点击"对比度"按钮◐，向右拖动下方的圆形按钮增大对比度数值，如图 2-3 所示。

Step02 点击"饱和度"按钮◐，向右拖动下方的圆形按钮增大饱和度数值，如图 2-4 所示。

Step03 点击"锐化"按钮△，向右拖动下方的圆形按钮增大锐化数值，点击"导出"按钮即可完成操作，如图 2-5 所示。

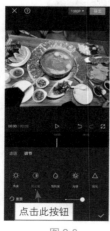
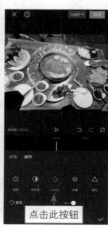

图 2-3   图 2-4   图 2-5

■ 2.2　应用"动画"功能丰富素材

微视频

　　剪映手机版为用户提供了旋转、伸缩、回弹、形变、拉镜、抖动等众多动画效果，用户在完成画面的基本调整后，如果觉得画面效果仍旧比较单调，可以尝试为素材添加动画效果，从而起到丰富画面的作用。

　　实例素材文件保存路径：配套素材 \ 素材文件 \ 第 2 章 \ 雪林 .jpg
　　实例效果文件名称：应用"动画"功能丰富素材 .mp4

图 2-6

Step 01　将素材添加至编辑界面，点击"剪辑"按钮，如图 2-6 所示。

Step 02　进入剪辑界面，点击"动画"按钮，如图 2-7 所示。

Step 03　进入动画界面，点击"组合动画"按钮，如图 2-8 所示。

Step 04　进入组合动画界面，点击"方片转动"动画，点击右下角的按钮，如图 2-9 所示。

Step 05　调整素材的持续时间为 5 秒，点击"导出"按钮，即可完成使用"动画"功能丰富素材的操作，如图 2-10 所示。

经验技巧

　　在选中动画效果后，可以调整效果上方的"动画时长"圆形按钮来改变动画的持续时间。

图 2-7

图 2-8

图 2-9

图 2-10

■ 2.3 实战案例——制作清新日系漫画风调色

微视频

日系漫画风滤镜给人一种清新夏日感，这种色调的特点是色彩鲜艳、自然通透，是许多风光视频都适用的色彩风格。用户只需给素材添加一个滤镜，再使用"调节"功能对素材的色彩进行适当调整即可。

> 实例素材文件保存路径：配套素材 \ 素材文件 \ 第 2 章 \ 风景 .mp4
>
> 实例效果文件名称：日系调色 .mp4

Step01 将素材添加至编辑界面，点击"滤镜"按钮，如图 2-11 所示。

Step02 进入滤镜界面，点击"风景"按钮，点击"仲夏"滤镜，并将下方的圆形按钮拖至最右侧，点击右下角的 ✔ 按钮，如图 2-12 所示。

Step03 返回上一界面，点击"新增调节"按钮，如图 2-13 所示。

图 2-11

图 2-12

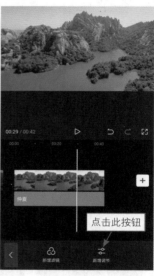
图 2-13

Step04 进入调节界面，点击"亮度"按钮，向右拖动圆形按钮数值为 20，如图 2-14 所示。

Step05 点击"对比度"按钮，向右拖动圆形按钮数值为 15，如图 2-15 所示。

Step06 点击"饱和度"按钮，向右拖动圆形按钮数值为 30，如图 2-16 所示。

Step07 点击"锐化"按钮，向右拖动圆形按钮数值为 20，如图 2-17 所示。

Step08 点击"色温"按钮，向右拖动圆形按钮数值为 10，如图 2-18 所示。

Step09 点击"色调"按钮，向右拖动圆形按钮数值为 50，点击右下角的 ✔ 按钮，如图 2-19 所示。

图 2-14

图 2-15

图 2-16

图 2-17

图 2-18

图 2-19

Step 10 返回上一界面，点击"音频"按钮 🎵，如图 2-20 所示。

Step 11 进入音频界面，点击"音乐"按钮 🎵，如图 2-21 所示。

Step 12 进入添加音乐界面，点击"轻快"选项，如图 2-22 所示。

Step 13 点击音乐名称进行试听，然后点击"使用"按钮，如图 2-23 所示。

Step 14 返回上一界面，可以看到为素材添加了音乐，但是音乐时间短于素材。选中音乐，点击"复制"按钮 🔲，如图 2-24 所示。

Step 15 调整复制出的音乐时长与素材末尾对齐，点击"导出"按钮，即可完成制作清新日系漫画风调色的操作，如图 2-25 所示。

图 2-20　　　　　　　　图 2-21　　　　　　　　图 2-22

图 2-23　　　　　　　　图 2-24　　　　　　　　图 2-25

■ 2.4　实战案例——制作磨砂纹理落日调色

微视频

　　磨砂色调会增强画面的粗糙度和浮雕效果，很适合用在日落素材中，会营造出一种油画氛围效果。用户需要先使用剪映手机版的"调节"功能调整素材的色调，然后再添加"磨砂纹理"特效。

实例素材文件保存路径：配套素材 \ 素材文件 \ 第 2 章 \ 落日 .jpg
实例效果文件名称：落日调色 .mp4

Step 01 将素材添加至编辑界面，点击"调节"按钮，如图 2-26 所示。

Step 02 进入调节界面，点击"亮度"按钮，向左拖动圆形按钮数值为 −23，如图 2-27 所示。

Step 03 点击"对比度"按钮，向右拖动圆形按钮数值为 21，如图 2-28 所示。

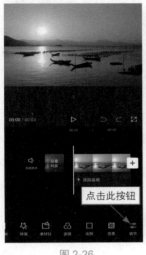

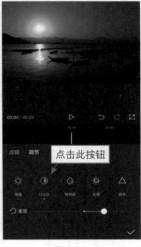

图 2-26　　　　　　　　　图 2-27　　　　　　　　　图 2-28

Step 04 点击"饱和度"按钮，向右拖动圆形按钮数值为 24，如图 2-29 所示。

Step 05 点击"锐化"按钮，向右拖动圆形按钮数值为 21，如图 2-30 所示。

Step 06 点击"高光"按钮，向右拖动圆形按钮数值为 22，如图 2-31 所示。

图 2-29　　　　　　　　　图 2-30　　　　　　　　　图 2-31

Step 07 点击"阴影"按钮⬕，向右拖动圆形按钮数值为 21，如图 2-32 所示。

Step 08 点击"色温"按钮🌡，向右拖动圆形按钮数值为 19，如图 2-33 所示。

Step 09 点击"色调"按钮⬕，向右拖动圆形按钮数值为 35，点击右下角的✓按钮，如图 2-34 所示。

图 2-32　　　　　　　　　　图 2-33　　　　　　　　　　图 2-34

Step 10 返回上一界面，点击"特效"按钮✨，如图 2-35 所示。

Step 11 进入特效界面，点击"画面特效"按钮🖼，如图 2-36 所示。

Step 12 点击"纹理"按钮，点击"磨砂纹理"特效，点击✓按钮，如图 2-37 所示。

图 2-35　　　　　　　　　　图 2-36　　　　　　　　　　图 2-37

Step 13 返回上一界面，点击"音频"按钮 🎵，如图 2-38 所示。

Step 14 进入音频界面，点击"音乐"按钮 🎵，如图 2-39 所示。

Step 15 进入添加音乐界面，选择"浪漫"选项，如图 2-40 所示。

图 2-38　　　　　　　　　　图 2-39　　　　　　　　　　图 2-40

Step 16 点击音乐名称进行试听，然后点击"使用"按钮，如图 2-41 所示。

Step 17 返回上一界面，可以看到为素材添加了音乐，调整音乐时长，使其与素材一致，点击"导出"按钮，即可完成制作磨砂纹理落日调色的操作，如图 2-42 所示。

图 2-41　　　　　　　　　　图 2-42

■ 2.5 实战案例——制作黑金色调城市夜景视频

微视频

黑金色调常被用于城市夜景视频中，以黑色和金色为主调，是电影里经常出现的色调，视频主题偏情绪化，略带伤感色彩。用户需要先使用剪映手机版的"调节"功能调整素材的色调，然后再添加"磨砂纹理"特效即可。

实例素材文件保存路径：配套素材 \ 素材文件 \ 第 2 章 \ 夜景 .mp4
实例效果文件名称：黑金夜景 .mp4

Step 01 将素材添加至编辑界面，点击"滤镜"按钮，如图 2-43 所示。

Step 02 进入滤镜界面，点击"黑白"按钮，点击"黑金"滤镜，点击右下角的✓按钮，如图 2-44 所示。

Step 03 返回上一界面，点击"调节"按钮，如图 2-45 所示。

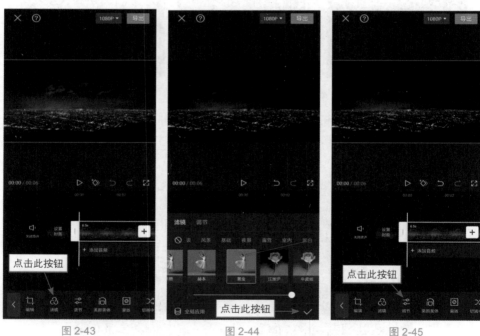

图 2-43   图 2-44   图 2-45

Step 04 进入调节界面，点击"饱和度"按钮，向右拖动圆形按钮数值为 12，如图 2-46 所示。

Step 05 点击"锐化"按钮，向右拖动圆形按钮数值为 28，如图 2-47 所示。

Step 06 点击"高光"按钮，向右拖动圆形按钮数值为 22，如图 2-48 所示。

图 2-46　　　　　　　　　　　图 2-47　　　　　　　　　　　图 2-48

Step 07 点击"色调"按钮，向右拖动圆形按钮数值为 28，点击右下角的▼按钮，如图 2-49 所示。

Step 08 返回上一界面，点击"音频"按钮，如图 2-50 所示。

Step 09 进入音频界面，点击"音乐"按钮，如图 2-51 所示。

图 2-49　　　　　　　　　　　图 2-50　　　　　　　　　　　图 2-51

Step 10 进入添加音乐界面，选择"爵士"选项，如图 2-52 所示。

Step 11 点击音乐名称进行试听，然后点击"使用"按钮，如图 2-53 所示。

Step 12 返回上一界面，调整音乐的持续时间，使其与视频一致，点击"导出"按钮，即可完成制作黑金色调城市夜景视频的操作，如图 2-54 所示。

图 2-52

图 2-53

图 2-54

知识常识

上述内容主要是为了介绍调色方法，至于调色参数，仅适用于本案例中的视频，用户在对自己的视频进行调色时，需要根据视频的实际情况进行调整。

■ 2.6 实战案例——为人物美颜

微视频

长相虽然是天生的，但可以通过后期美颜调整，为视频中的人物进行瘦脸、磨皮等操作；也可以结合视频主题和内容，利用调色技巧，为视频中的人物打造独特的影调风格；还可以为人像素材添加人像滤镜。

实例素材文件保存路径：配套素材 \ 素材文件 \ 第 2 章 \ 人像 .jpg
实例效果文件名称：人物美颜 .mp4

Step01 将素材添加至编辑界面，点击"剪辑"按钮❌，如图 2-55 所示。
Step02 进入剪辑界面，点击"美颜美体"按钮◙，如图 2-56 所示。
Step03 进入美颜美体界面，点击"美颜"按钮◙，如图 2-57 所示。

图 2-55

图 2-56

图 2-57

Step 04 进入美颜界面，点击"磨皮"按钮![按钮]，拖动圆形按钮至最右侧，点击右下角的 ![按钮] 按钮，如图 2-58 所示。

Step 05 返回上一界面，点击"滤镜"按钮![按钮]，如图 2-59 所示。

Step 06 进入滤镜界面，点击"人像"按钮，点击"亮肤"滤镜，点击右下角的![按钮]按钮，如图 2-60 所示。

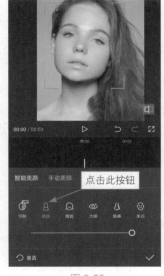
图 2-58

图 2-59

图 2-60

Step07 返回上一界面，点击"调节"按钮，如图 2-61 所示。

Step08 进入调节界面，点击"亮度"按钮，向左拖动圆形按钮数值为 -12，点击右下角的✔按钮，如图 2-62 所示。

图 2-61

图 2-62

■ 2.7 实战案例——制作赛博朋克风视频

微视频

赛博朋克风格是现在网上非常流行的色调，画面以青色和洋红色为主，也就是说这两种色调的搭配是画面的整体主基调。赛博朋克风格视频主要是运用剪映手机版中的"赛博朋克"滤镜进行制作，下面详细介绍其制作的方法。

实例素材文件保存路径：配套素材 \ 素材文件 \ 第 2 章 \ 大桥 .mp4
实例效果文件名称：赛博朋克风视频 .mp4

Step01 将素材添加至编辑界面，点击"滤镜"按钮，如图 2-63 所示。

Step02 进入滤镜界面，点击"风格化"按钮，点击"赛博朋克"滤镜，拖动下方的圆形按钮至最右侧，点击右下角的✔按钮，如图 2-64 所示。

Step03 返回上一界面，点击"新增调节"按钮，如图 2-65 所示。

图 2-63

图 2-64

图 2-65

Step 04　进入调节界面，点击"亮度"按钮，向右拖动圆形按钮数值为 15，如图 2-66 所示。

Step 05　点击"对比度"按钮，向右拖动圆形按钮数值为 10，如图 2-67 所示。

Step 06　点击"色温"按钮，向右拖动圆形按钮数值为 7，如图 2-68 所示。

Step 07　点击"色调"按钮，向右拖动圆形按钮数值为 7，点击"导出"按钮，即可完成制作赛博朋克风格视频的操作，如图 2-69 所示。

图 2-66

图 2-67

图 2-68

图 2-69

第3章
精彩视频的转场与特效

【本章主要内容】

　　本章主要介绍添加与删除视频特效、制作蒙版相册、制作漫画效果、制作酷炫切换效果及制作动感相册的知识与技巧。通过本章的学习，读者可以掌握视频转场与特效方面的知识，为深入学习剪映知识奠定基础。

本章学习素材

■ 3.1　添加与删除视频特效

　　为视频添加一些好看的特效，可以使视频画面更加美观。剪映手机版的功能非常全面，在剪映手机版中可以制作出各种炫酷的视频特效，打造出精彩的爆款短视频。本节主要介绍添加与删除视频特效的方法。

Step 01 将素材添加至编辑界面，点击"特效"按钮💥，如图 3-1 所示。

Step 02 进入特效界面，点击"画面特效"按钮💥，如图 3-2 所示。

Step 03 进入画面特效界面，点击"基础"按钮，选择"变清晰Ⅱ"特效，如图 3-3 所示。

图 3-1　　　　　　　　　　　　图 3-2　　　　　　　　　　　　图 3-3

Step 04 再次选择"变清晰Ⅱ"特效，如图 3-4 所示。

Step 05 进入特效调整参数界面，用户可以修改参数，点击✅按钮，如图 3-5 所示。

Step 06 返回上一界面，可以看到素材已经添加了"变清晰"特效。选中特效，点击"删除"按钮▭，即可将特效删除，如图 3-6 所示。

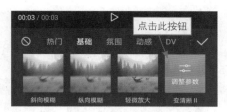

图 3-4

图 3-5

图 3-6

■ 3.2　实战案例——蒙版特效：制作蒙版相册

蒙版又被称为遮罩。在剪映手机版中，使用蒙版功能可以轻松地遮挡或显示部分画面，是视频编辑处理时非常实用的一项功能。剪映为用户提供了几种不同形状的蒙版，如线性、镜面、圆形、爱心和星形等。

微视频

实例素材文件保存路径：配套素材＼素材文件＼第 3 章＼蒙版相册
实例效果文件名称：蒙版相册 .mp4

Step 01 将素材添加至编辑界面，点击"比例"按钮▤，如图 3-7 所示。

Step 02 进入比例界面，点击"9∶16"比例，如图 3-8 所示。

Step 03 返回上一界面，点击"背景"按钮▨，如图 3-9 所示。

图 3-7　　　　　　　　图 3-8　　　　　　　　图 3-9

Step04 进入背景界面，点击"画布颜色"按钮，如图 3-10 所示。

Step05 进入画布颜色界面，点击白色色块，点击"全局应用"按钮，点击右下角的按钮，如图 3-11 所示。

Step06 返回上一界面，点击"蒙版"按钮，如图 3-12 所示。

图 3-10　　　　　　　图 3-11　　　　　　　图 3-12

Step07 进入蒙版界面，点击"圆形"按钮，在预览区域调整圆形蒙版的大小和羽化值，点击右下角的✅按钮，如图 3-13 所示。

Step08　选中第 2 段素材，为其添加矩形蒙版，在预览区域调整矩形蒙版的大小和羽化值，如图 3-14 所示。

Step09　选中第 3 段素材，为其添加爱心蒙版，在预览区域调整蒙版的大小和羽化值，如图 3-15 所示。

图 3-13

图 3-14

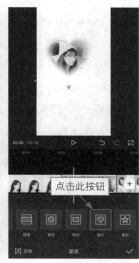

图 3-15

Step10　选中第 4 段素材，为其添加星形蒙版，调整蒙版大小和羽化值，如图 3-16 所示。

Step11　选中第 5 段素材，为其添加圆形蒙版，调整蒙版大小和羽化值，如图 3-17 所示。

Step12　选中第 6 段素材，为其添加矩形蒙版，调整蒙版大小和羽化值，如图 3-18 所示。

图 3-16

图 3-17

图 3-18

Step13 返回上一界面，点击"音频"按钮 🎵，如图 3-19 所示。

Step14 进入音频界面，点击"音乐"按钮 🎵，如图 3-20 所示。

Step15 进入添加音乐界面，选择"旅行"选项，如图 3-21 所示。

| 图 3-19 | 图 3-20 | 图 3-21 |

Step16 点击音乐名称进行试听，然后点击"使用"按钮，如图 3-22 所示。

Step17 返回上一界面，可以看到为素材添加了音乐，调整音乐时长，使其与素材一致，点击"导出"按钮，即可完成制作蒙版相册的操作，如图 3-23 所示。

| 图 3-22 | 图 3-23 |

■ 3.3 实战案例——制作漫画效果

利用剪映手机版中的"抖音玩法"功能和"画面特效"素材库中的相应特效，可以制作出唯美绚丽的变身短视频，使原本真实的人物慢慢变成漫画人物效果，本节将详细介绍制作漫画效果的方法。

微视频

实例素材文件保存路径：配套素材 \ 素材文件 \ 第 3 章 \ 人像 .jpg
实例效果文件名称：漫画效果 .mp4

Step 01 将素材添加至编辑界面，点击 + 按钮，如图 3-24 所示。
Step 02 进入添加素材界面，选择同一素材，点击"添加"按钮，如图 3-25 所示。
Step 03 选择第 2 段素材，点击"抖音玩法"按钮，如图 3-26 所示。

图 3-24

图 3-25

图 3-26

Step 04 进入抖音玩法界面，点击"港漫"按钮，点击右下角的 ✓ 按钮，如图 3-27 所示。

Step 05 返回上一界面，点击两段素材之间的 | 按钮，如图 3-28 所示。

Step 06 进入转场界面，点击"幻灯片"按钮，选择"回忆"转场，设置持续时间为 1.0s，点击右下角的 ✓ 按钮，如图 3-29 所示。

Step 07 返回上一界面，将时间指示器移至开始处，点击"特效"按钮，如图 3-30 所示。

图 3-27

图 3-28   图 3-29   图 3-30

Step 08 进入特效界面，点击"画面特效"按钮，如图 3-31 所示。

Step 09 进入画面特效界面，点击"基础"按钮，选择"变清晰Ⅱ"特效，点击✓按钮，如图 3-32 所示。

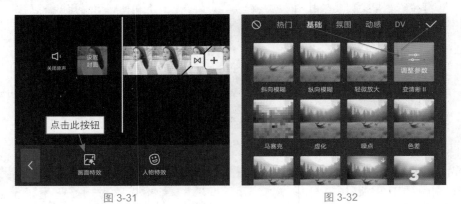

图 3-31   图 3-32

Step 10 返回上一界面，调整特效持续时间，点击"作用对象"按钮，如图 3-33 所示。

Step 11 进入作用对象界面，点击"全局"按钮，点击右下角的✓按钮，如图 3-34 所示。

Step 12 返回上一界面，继续添加"画面特效"→"金粉"→"仙女变身"特效，点击✓按钮，如图 3-35 所示。

Step 13 返回上一界面，调整特效持续时间，设置作用对象为"全局"，效果如图 3-36 所示。

Step 14 将时间指示器移至末尾处，添加"画面特效"→"金粉"→"金粉"特效，调整特效持续时间，效果如图 3-37 所示。

图 3-33　　　　　　　　图 3-34　　　　　　　　图 3-35

图 3-36　　　　　　　　　　　　　　　图 3-37

Step 15 返回上一界面，点击"音频"按钮，如图 3-38 所示。

Step 16 进入音频界面，点击"音乐"按钮，如图 3-39 所示。

Step 17 进入添加音乐界面，选择"抖音"选项，如图 3-40 所示。

Step 18 点击音乐名称进行试听，然后点击"使用"按钮，如图 3-41 所示。

Step 19 返回上一界面，可以看到为素材添加了音乐，调整音乐时长，使其与素材一致，点击"导出"按钮，即可完成制作漫画效果的操作，如图 3-42 所示。

图 3-38

图 3-39

图 3-40

图 3-41

图 3-42

■ 3.4　实战案例——转场特效：制作酷炫切换效果

微视频

剪映手机版为用户提供了大量转场效果，在多段素材之间添加不同的转场效果，可以使视频之间的切换变得更加流畅、自然，增加视频的美观度和趣味性。本节将介绍为素材添加"拉远"和"光束"转场效果的方法。

实例素材文件保存路径：配套素材 \ 素材文件 \ 第 3 章 \ 酷炫切换
实例效果文件名称：酷炫切换效果 .mp4

Step01　将 3 段素材添加至编辑界面，点击第 1 段和第 2 段素材之间的 ⅰ 按钮，如图 3-43 所示。

Step02　进入转场界面，点击"运镜"按钮，选择"拉远"转场，设置持续时间为 1.5s，点击右下角的 ✅ 按钮，如图 3-44 所示。

Step03　返回上一界面，点击第 2 段和第 3 段素材之间的 ⅰ 按钮，如图 3-45 所示。

图 3-43

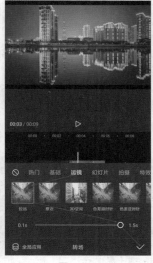
图 3-44

图 3-45

Step04　进入转场界面，点击"特效"按钮，选择"光束"转场，点击右下角的 ✅ 按钮，如图 3-46 所示。

Step05　返回上一界面，点击"音频"按钮 ♫，如图 3-47 所示。

Step06　进入音频界面，点击"音乐"按钮 ♫，如图 3-48 所示。

Step07　进入添加音乐界面，选择"混剪"选项，如图 3-49 所示。

图 3-46

Step08　点击音乐名称进行试听，然后点击"使用"按钮，如图 3-50 所示。

Step09　返回上一界面，可以看到为素材添加了音乐，调整音乐时长，使其与素材一致，点击"导出"按钮，即可完成制作酷炫切换效果的操作，如图 3-51 所示。

图 3-47

图 3-48

图 3-49

图 3-50

图 3-51

■ 3.5　实战案例——动画特效：制作动感相册

微视频

剪映手机版为用户提供了大量动画效果，为素材添加不同的动画效果，可以使视频画面更加生动、有趣，增加视频的美观度和趣味性。本节将介绍为素材添加"放大""分身"和"向右下甩入"动画效果的方法。

实例素材文件保存路径：配套素材＼素材文件＼第 3 章＼动感相册
实例效果文件名称：动感相册 .mp4

Step01　将 3 段素材添加至编辑界面，点击"背景"按钮，如图 3-52 所示。

Step02　进入背景界面，点击"画布模糊"按钮，如图 3-53 所示。

Step03　进入画布模糊界面，点击最后一个模糊效果，点击"全局应用"按钮，点击右下角的✓按钮，如图 3-54 所示。

图 3-52

图 3-53

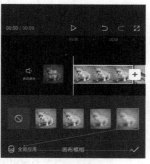
图 3-54

Step04　返回上一界面，选择第 1 段素材，将时间指示器移至要分割的位置处，点击"分割"按钮，如图 3-55 所示。

Step05　第 1 段素材被分割为两段，选择分割后的第 2 段素材，点击"动画"按钮，如图 3-56 所示。

Step06　进入动画界面，点击"入场动画"按钮，如图 3-57 所示。

图 3-55

Step07　进入入场动画界面，选择"放大"动画，设置动画持续时间为 2.0s，点击右下角的✓按钮，如图 3-58 所示。

Step08　选择第 3 段素材，点击"组合动画"按钮，如图 3-59 所示。

Step09　进入组合动画界面，选择"分身"动画，设置动画持续时间为 3.0s，点击右下角的✓按钮，如图 3-60 所示。

图 3-56

图 3-57

图 3-58

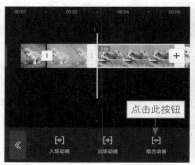
图 3-59

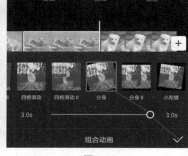
图 3-60

图 3-61

Step10 选择第 4 段素材，点击"入场动画"按钮 ，如图 3-61 所示。

Step11 进入入场动画界面，选择"向右下甩入"动画，设置动画持续时间为 3.0s，点击右下角的 按钮，如图 3-62 所示。

Step12 返回上一界面，点击"音频"按钮 ，如图 3-63 所示。

Step13 将时间指示器移至开始处，点击"音乐"按钮 ，如图 3-64 所示。

Step14 进入音乐界面，选择"萌宠"选项，如图 3-65 所示。

Step15 点击音乐名称进行试听，然后点击"使用"按钮，如图 3-66 所示。

Step16 返回上一界面，可以看到为素材添加了音乐，调整音乐时长，使其与素材一致，点击"导出"按钮，即可完成制作动感相册效果的操作，如图 3-67 所示。

图 3-62

图 3-63

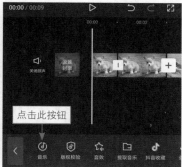

图 3-64

图 3-65

图 3-66

图 3-67

第4章
添加字幕让视频图文并茂

【本章主要内容】

本章主要介绍如何添加字幕、自动生成字幕、制作文字消散效果和电影片头字幕的方法。通过本章的学习，读者可以掌握通过添加字幕让视频变得图文并茂的知识，为深入学习剪映知识奠定基础。

本章学习素材

■ 4.1　添加字幕

在影视作品中，字幕就是将语音内容以文字的方式显示在画面中。对于观众来说，观看视频的行为是一个被动接收信息的过程，很多时候观众难以集中注意力，此时就需要用字幕来帮助观众更好地理解和接受视频内容。

4.1.1　添加与设置字幕

在剪映手机版中，创建并设置字幕的方法非常简单，下面详细介绍操作方法。

图 4-1

图 4-2

Step 01　将素材添加到编辑界面，在未选中素材的状态下，点击底部工具栏中的"文字"按钮████，如图 4-1 所示。

Step 02　进入文字界面，点击"新建文本"按钮████，如图 4-2 所示。

Step 03　进入文字编辑界面，自动弹出键盘。输入文本内容，关闭键盘。点击"字体"按钮，点击"热门"按钮，选择"甜甜圈"字体，可以看到在预览区域文本应用了该字体，如图 4-3 所示。

Step 04 点击"样式"按钮，选择一种字体样式，如图 4-4 所示。

Step 05 点击"动画"按钮，点击"入场动画"按钮，选择"逐字翻转"动画，在预览区域移动文本至合适位置，点击右下角的☑按钮，如图 4-5 所示。

Step 06 返回上一界面，点击"导出"按钮，即可完成添加与设置字幕的操作，如图 4-6 所示。

知识常识

在文字编辑界面中，用户还可以点击"花字"按钮，剪映手机版为用户提供了大量已设置好颜色搭配的花字模板。

图 4-3

图 4-4

图 4-5

图 4-6

4.1.2　应用文字模板

如果用户不想自己设置字幕的字体、颜色、阴影及动画等内容，也可以直接套用剪映手机版中的文字模板，省时省力，一键就可以制作出生动的文字动画。下面详细介绍应用文字模板的方法。

Step 01 将素材添加到编辑界面，在未选中素材的状态下，点击底部工具栏中的"文字"按钮，如图 4-7 所示。

图 4-7

Step 02 进入文字界面，点击"文字模板"按钮 **A**，如图 4-8 所示。

Step 03 进入文字模板界面，点击"气泡"按钮，选择一个文字模板，在文本框中输入内容，点击 ✔ 按钮，如图 4-9 所示。

Step 04 返回上一界面，点击"导出"按钮，即可完成应用文字模板的操作，如图 4-10 所示。

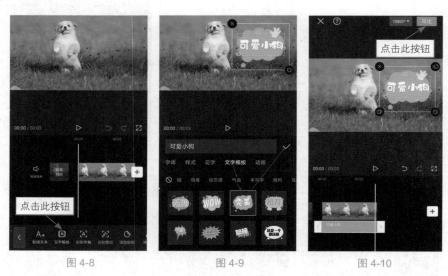

图 4-8　　　　　　　　　图 4-9　　　　　　　　　图 4-10

■ 4.2　自动生成字幕

剪映中内置了"识别字幕"和"识别歌词"功能，可以对视频中的语音和歌词进行智能识别，然后自动转换为字幕。通过该功能可以快速且轻松地完成字幕的添加工作，从而达到节省工作时间的目的。

4.2.1　识别字幕

使用剪映手机版自动识别字幕的方法非常简单，下面详细介绍操作方法。

Step 01 将素材添加到编辑界面，在未选中素材的状态下，点击底部工具栏中的"文字"按钮 ■，如图 4-11 所示。

Step 02 进入文字界面，点击"识别字幕"按钮 **A**，如图 4-12 所示。

Step 03 进入识别字幕界面，在"识别类型"区域点击"全部"按钮，打开"标记无效片段"开关，选择"同时清空已有字幕"复选框，点击"开始匹配"按钮，如图 4-13 所示。

| 图 4-11 | 图 4-12 | 图 4-13 |

Step 04 完成识别字幕操作后，提示"总共 5 条字幕"，点击"取消"按钮，如图 4-14 所示。

Step 05 点击☑️按钮，如图 4-15 所示。

Step 06 返回上一界面，可以看到识别出来的字幕被放置在了主视频素材的下方，点击"导出"按钮，即可完成识别字幕的操作，如图 4-16 所示。

| 图 4-14 | 图 4-15 | 图 4-16 |

4.2.2 识别歌词

使用剪映手机版自动识别歌词的方法非常简单，下面详细介绍操作方法。

Step01 将素材添加到编辑界面，在未选中素材的状态下，点击底部工具栏中的"文字"按钮 ▋▋，如图 4-17 所示。

Step02 进入文字界面，点击"识别歌词"按钮 ，如图 4-18 所示。

图 4-17　　　　　　　　　　　　　　　　图 4-18

Step03 进入识别歌词界面，打开"同时清空已有歌词"开关，点击"开始匹配"按钮，如图 4-19 所示。

Step04 返回上一界面，可以看到识别出来的歌词被放置在了主视频素材的下方，点击"导出"按钮，即可完成识别歌词的操作，如图 4-20 所示。

图 4-19　　　　　　　　　　　　　　　　图 4-20

■ 4.3　实战案例——制作文字消散效果

文字消散是一种浪漫且唯美的字幕效果，需要为字幕添加"羽化向右擦开"入场动画，并添加剪映手机版素材库中的"粒子"素材，设置"粒子"素材的混合模式为"滤色"，即可制作出文字消散效果。

微视频

> 实例素材文件保存路径：配套素材\素材文件\第 4 章\云雾.mp4
> 实例效果文件名称：文字消散.mp4

Step 01 将素材添加到编辑界面，在未选中素材的状态下，点击底部工具栏中的"文字"按钮██，如图 4-21 所示。

Step 02 进入文字界面，点击"新建文本"按钮 A+，如图 4-22 所示。

Step 03 进入新建文本界面，自动弹出键盘，输入文本内容，关闭键盘。点击"字体"按钮，点击"热门"按钮，选择"飞影体"字体，可以看到在预览区域文本应用了该字体，移动字幕至合适的位置，如图 4-23 所示。

图 4-21

图 4-22

图 4-23

Step 04 点击"动画"按钮，点击"入场动画"按钮，选择"羽化向右擦开"动画，设置动画持续时间为 3s，点击 ✔ 按钮，如图 4-24 所示。

Step 05 返回上一界面，点击"画中画"按钮 🖼，如图 4-25 所示。

Step 06 进入画中画界面，点击"新增画中画"按钮 ➕，如图 4-26 所示。

图 4-24   图 4-25   图 4-26

Step 07 进入添加素材界面，点击"素材库"按钮，点击搜索框，如图 4-27 所示。

Step 08 自动弹出键盘，输入"粒子"，点击"搜索"按钮，在搜索到的素材中选择一个合适的素材，点击"添加"按钮，如图 4-28 所示。

Step 09 返回上一界面，选择粒子素材，点击"变速"按钮，如图 4-29 所示。

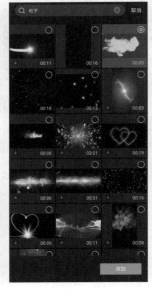

图 4-27   图 4-28   图 4-29

Step 10 进入变速界面，点击"常规变速"按钮，如图 4-30 所示。

Step 11 拖动圆形按钮至 1.4x 处，点击右下角的✓按钮，图 4-31 所示。

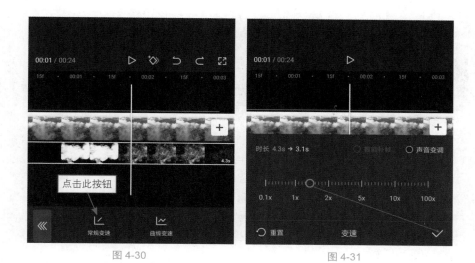

图 4-30　　　　　　　　　　　　　　　图 4-31

Step 12　返回上一界面，点击"混合模式"按钮 ⊞，如图 4-32 所示。

Step 13　进入混合模式界面，选择"滤色"模式，点击右下角的 ✓ 按钮，如图 4-33 所示。

Step 14　返回上一界面，点击"导出"按钮，即可完成文字消散效果的制作，如图 4-34 所示。

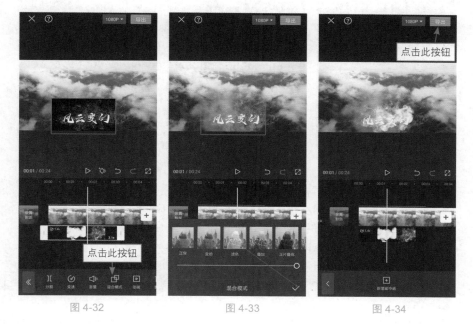

图 4-32　　　　　　　　　　图 4-33　　　　　　　　　图 4-34

■ 4.4 实战案例——制作电影片头字幕

微视频

　　电影片头的字幕总是给人一种恢宏大气的感觉，本案例将使用剪映手机版制作类似电影片头大幕拉开出现字幕的效果，主要使用剪映手机版中的文字模板功能来添加字幕，然后添加"开幕"画面特效即可。

实例素材文件保存路径：配套素材＼素材文件＼第4章＼夜景.jpg

实例效果文件名称：电影片头字幕.mp4

Step 01 将素材添加到编辑界面，在未选中素材的状态下，点击底部工具栏中的"文字"按钮，如图4-35所示。

Step 02 进入文字界面，点击"文字模板"按钮，如图4-36所示。

Step 03 进入文字模板界面，点击"片头标题"按钮，选择一种模板，可以在预览区域查看字幕效果，如图4-37所示。

图 4-35　　　　　　　　　　　图 4-36　　　　　　　　　　　图 4-37

Step 04 在文本框中重新输入内容，点击✓按钮，如图4-38所示。

Step 05 返回上一界面，将字幕移至1s处，如图4-39所示。

Step 06 返回上一界面，点击"特效"按钮，如图4-40所示。

Step 07 进入特效界面，点击"画面特效"按钮，如图4-41所示。

Step 08 进入画面特效界面，点击"基础"按钮，选择"开幕"特效，点击✓按钮，如图4-42所示。

Step 09 返回上一界面，设置特效持续时间为1s，点击"导出"按钮，即可完成制作电影片头字幕效果的操作，如图4-43所示。

图 4-38

移动素材位置

图 4-39

点击此按钮

图 4-40

点击此按钮

图 4-41

图 4-42

点击此按钮

图 4-43

第 5 章
运用动感音效让视频更具魅力

【本章主要内容】

本章主要介绍如何添加与修改音乐、制作音乐踩点视频、制作淡入淡出音乐效果、对音频进行变速处理，以及对音频进行变声和变调处理的知识与技巧，通过本章的学习，读者可以掌握运用动感音效让视频更具魅力方面的知识，为深入学习剪映知识奠定基础。

本章学习素材

■ 5.1　添加与修改音乐

一个完整的短视频通常是由画面和音频这两部分组成的，对于视频来说，音频是不可或缺的组成部分，原本普通的视频画面，只要配上调性明确的背景音乐，视频就会变得打动人心。本节将详细介绍添加与修改音乐的相关知识。

图 5-1

图 5-2

5.1.1　添加音乐增强视听感受

为素材添加背景音乐可以让观众更有代入感。为素材添加背景音乐的方法非常简单，下面详细介绍操作方法。

Step 01　将素材添加到编辑界面，点击"音频"按钮，如图 5-1 所示。

Step 02　进入音频界面，点击"音乐"按钮，如图 5-2 所示。

Step 03　进入添加音乐界面，点击搜索框，如图 5-3 所示。

Step04　进入搜索界面，自动弹出键盘，输入歌曲名称，点击"搜索"按钮，点击搜索到的歌曲名称进行试听，点击"使用"按钮，如图 5-4 所示。

Step05　返回上一界面，设置音乐的持续时间，使其与素材保持一致，点击"导出"按钮，即可完成添加音乐的操作，如图 5-5 所示。

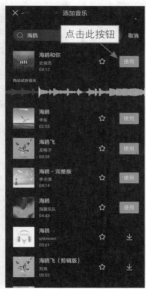

图 5-3　　　　　　　　　　图 5-4　　　　　　　　　　图 5-5

知识与技巧

对于想要靠短视频作品营利的视频创作者来说，在使用其他音乐平台的音乐作为视频素材前，需要与平台或音乐创作者进行协商，避免发生音乐作品侵权行为。

5.1.2　添加音效增强场景气氛

用户不仅可以为素材添加背景音乐，还可以为素材添加音效，让素材显得不再单调。下面详细介绍为素材添加音效的方法。

Step01　将素材添加到编辑界面，点击"音频"按钮，如图 5-6 所示。

Step02　进入音频界面，点击"音效"按钮，如图 5-7 所示。

Step03　自动弹出搜索框，输入内容，点击"搜索"按钮，点击搜索到的音效名称进行试听，点击"使用"按钮，如图 5-8 所示。

Step04　返回上一界面，设置音效的持续时间，使其与素材保持一致，点击"导出"按钮，即可完成添加音效的操作，如图 5-9 所示。

图 5-6

图 5-7

图 5-8

图 5-9

5.1.3 从视频文件中提取音乐

如果用户遇到其他背景音乐好听的视频，也可以将其保存到计算机中，并通过剪映来提取视频中的背景音乐，将其用到自己的视频中。下面介绍从视频文件中提取音乐的方法。

Step 01 将素材添加到编辑界面，点击"音频"按钮🎵，如图 5-10 所示。

Step 02 进入音频界面，点击"提取音乐"按钮📧，如图 5-11 所示。

Step 03 进入添加素材界面，选择准备提取音乐的视频文件，点击"仅导入视频的声音"按钮，如图 5-12 所示。

图 5-10

图 5-11

图 5-12

Step 04 返回上一界面，设置音乐的持续时间，使其与素材保持一致，点击"导出"按钮，即可完成操作，如图 5-13 所示。

5.1.4 剪辑音频选取动感音乐

使用剪映手机版也可以非常方便地对音频进行剪辑处理，如选取音频的高潮部分，从而让短视频更能打动人心。下面介绍对音频进行剪辑处理的具体操作方法。

图 5-13

Step 01 将素材添加到编辑界面，点击"音频"按钮 **♫**，如图 5-14 所示。

Step 02 进入音频界面，点击"音乐"按钮 **♫**，如图 5-15 所示。

Step 03 进入添加音乐界面，点击搜索框，进入搜索界面，自动弹出键盘，输入歌曲名称，点击"搜索"按钮，点击搜索到的歌曲名称进行试听，点击"使用"按钮，如图 5-16 所示。

图 5-14   图 5-15   图 5-16

Step 04 返回上一界面，点击"播放"按钮 ▶，当歌曲即将播放到高潮部分时再次点击该按钮进行暂停，如图 5-17 所示。

Step 05 选择歌曲素材，按住素材左侧的白色边框向右拖动至时间指示器所在位置，如图 5-18 所示。

Step 06 按住歌曲素材将其向左拖至视频素材开始处，按住素材右侧的白色边框向左

图 5-17

拖动至视频素材结尾处，使歌曲与视频的持续时间保持一致，点击"导出"按钮，即可完成剪辑音频选取动感音乐的操作，如图 5-19 所示。

图 5-18　　　　　　　　　　　　　图 5-19

■ 5.2　实战案例——制作音乐踩点视频

微视频

　　在剪映手机版中，用户可以使用"踩点"功能，一键标出背景音乐的节拍点，让视频自动踩点，从而制作出节奏感非常强的卡点视频。首先为视频添加音乐，点击"踩点"按钮，点击"踩节拍Ⅰ"按钮，然后根据节拍点调节各段素材的长度即可。

实例素材文件保存路径：配套素材 \ 素材文件 \ 第 5 章 \ 踩点视频
实例效果文件名称：音乐踩点视频 .mp4

Step01　将素材按照"1 ～ 5"的名称顺序添加到编辑界面，点击"音频"按钮，如图 5-20 所示。

Step02　进入音频界面，点击"音乐"按钮，如图 5-21 所示。

Step03　进入添加音乐界面，在搜索框中输入歌曲名称，点击"搜索"按钮，点击搜索到的音乐名称进行试听，点击"使用"按钮，如图 5-22 所示。

图 5-20　　　　　　　　　　图 5-21　　　　　　　　　　图 5-22

Step 04 返回上一界面，点击"播放"按钮▶，当歌曲即将播放到高潮部分时再次点击该按钮进行暂停，如图 5-23 所示。

Step 05 选择歌曲素材，按住素材左侧的白色边框向右拖动至时间指示器所在位置，如图 5-24 所示。

图 5-23　　　　　　　　　　　　图 5-24

Step 06 按住歌曲素材将其向左拖至视频素材开始处，按住素材右侧的白色边框向左拖动至视频素材结尾处，将歌曲与视频的时间剪为一致。选择音乐，点击"踩点"按钮▣，如图 5-25 所示。

Step 07 进入踩点界面，打开"自动踩点"开关，点击"踩节拍Ⅰ"按钮，点击右下角的☑按钮，如图 5-26 所示。

Step 08 可以看到在音乐鼓点的位置添加了对应的节拍点，节拍点以黄色小圆点显示。调整视频的持续时间，将每段视频的长度对齐音频中的黄色小点，如图 5-27 所示。

图 5-25

图 5-26

图 5-27

Step 09 选择第 1 段视频素材，点击"动画"按钮▶，如图 5-28 所示。

Step 10 进入动画界面，点击"入场动画"按钮➡，如图 5-29 所示。

图 5-28

图 5-29

Step 11 进入入场动画界面，选择"向左下甩入"动画，设置动画持续时间为 2.0s，点击右下角的☑按钮，如图 5-30 所示。

Step 12 为其他视频素材添加相同的入场动画，然后点击"导出"按钮，即可完成制作音乐踩点视频的操作，如图 5-31 所示。

图 5-30　　　　　　　　　　　　图 5-31

■ 5.3　实战案例——制作淡入淡出音乐效果

为音频设置淡入淡出效果后,可以让短视频的背景音乐显得不那么突兀,给观众带来更加舒适的视听体验。制作音乐淡入淡出效果的方法非常简单,下面介绍具体的操作方法。

微视频

> 实例素材文件保存路径:配套素材 \ 素材文件 \ 第 5 章 \ 摩天轮 .jpg
> 实例效果文件名称:淡入淡出 .mp4

Step 01　将素材添加到编辑界面,延长素材持续时间至 15s,点击“音频”按钮 ,如图 5-32 所示。

Step 02　进入音频界面,点击“音乐”按钮 ,如图 5-33 所示。

Step 03　进入添加音乐界面,选择“纯音乐”选项,如图 5-34 所示。

Step 04　点击歌曲名称进行试听,然后点击“使用”按钮,如图 5-35 所示。

Step 05　返回上一界面,放大时间轴,可以看到歌曲最开始有几秒静音,如图 5-36 所示。

Step 06　按住歌曲素材左侧的白色边框,将其向右拖至开始播放音乐处,删除静音,如图 5-37 所示。

图 5-32

图 5-33

图 5-34

图 5-35

图 5-36

图 5-37

Step 07 按住歌曲素材将其向左拖至视频素材开始处，按住素材右侧的白色边框向左拖动至视频素材结尾处，使歌曲与视频的持续时间保持一致。选择音乐，点击"淡化"按钮 ▮▮，如图 5-38 所示。

Step 08 进入淡化界面，设置"淡入时长"为 2.5s，"淡出时长"为 2.5s，点击右下角的 ✓ 按钮，如图 5-39 所示。

Step 09 返回上一界面，可以看到音乐素材的开始和结尾处都添加了圆弧，表示已经添加了淡入淡出效果。点击"导出"按钮，即可完成制作淡入淡出音乐效果的操作，如图 5-40 所示。

图 5-38

图 5-39

图 5-40

5.4　实战案例——对音频进行变速处理

使用剪映手机版可以对音频播放速度进行放慢或加快等变速处理，从而制作出一些特殊的背景音乐效果。对音频进行变速处理的方法非常简单，下面介绍具体的操作方法。

微视频

实例素材文件保存路径：配套素材 \ 素材文件 \ 第 5 章 \ 日出 .mp4
实例效果文件名称：音频变速 .mp4

Step 01　将素材添加到编辑界面，点击"音频"按钮，如图 5-41 所示。

Step 02　进入音频界面，点击"音乐"按钮，如图 5-42 所示。

Step 03　进入添加音乐界面，选择"纯音乐"选项，如图 5-43 所示。

Step 04　点击歌曲名称进行试听，然后点击"使用"按钮，如图 5-44 所示。

Step 05　返回上一界面，选择音乐，点击"变速"按钮，如图 5-45 所示。

Step 06　进入变速界面，向右拖动圆形按钮至 1.5x 处，点击右下角的按钮，如图 5-46 所示。

Step 07　返回上一界面，调整音乐持续时间，使其与视频素材长度一致，点击"导出"按钮，即可完成对音频进行变速处理的操作，如图 5-47 所示。

图 5-41

图 5-42

图 5-43

图 5-44

图 5-45

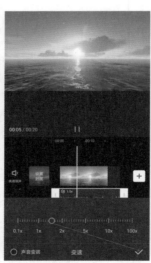
图 5-46

图 5-47

■ 5.5 实战案例——对音频进行变声和变调处理

微视频

很多短视频创作者会选择对视频原声进行变声和变调处理，通过这样的处理方式，不仅可以加快视频的节奏，还能增强视频的趣味性，形成鲜明的个人特色。本节将详细介绍对音频进行变声和变调处理的方法。

实例素材文件保存路径：配套素材 \ 素材文件 \ 第 5 章 \ 小熊猫 .mp4

实例效果文件名称：音频变声和变调 .mp4

Step01 将素材添加到编辑界面，点击"音频"按钮🎵，如图 5-48 所示。

Step02 进入音频界面，点击"录音"按钮🎙，如图 5-49 所示。

Step03 进入录音界面，点击■按钮开始录制，如图 5-50 所示。

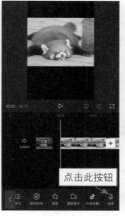

图 5-48　　　　　　　　图 5-49　　　　　　　　图 5-50

Step04 录制完成后点击■按钮，如图 5-51 所示。

Step05 再使用相同的方法录制第 2 段音频，选择第 1 段音频，点击"变声"按钮🎤，如图 5-52 所示。

Step06 进入变声界面，点击"搞笑"按钮，选择"花栗鼠"声音，可以调整音调和音色的数值，点击右下角的✔按钮，如图 5-53 所示。

Step07 使用相同的方法为第 2 段音频设置变声，返回上一界面，点击"导出"按钮，即可完成对音频进行变声和变调处理的操作，如图 5-54 所示。

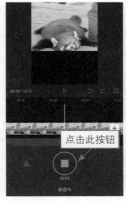

图 5-51　　　　　　图 5-52　　　　　　图 5-53　　　　　　图 5-54

第 6 章
视频剪辑基础操作

【本章主要内容】
    本章主要介绍视频剪辑的基本操作和调整与处理视频画面方面的知识与技巧，针对实际的工作需求，讲解旋转视频画面、设置视频背景及设置视频防抖的方法。通过本章的学习，读者可以掌握剪映电脑版视频剪辑基础操作方面的知识，为深入学习剪映知识奠定基础。

本章学习素材

■ 6.1　剪辑视频的基本操作

    本节将向大家介绍如何使用剪映电脑版进行视频剪辑处理的方法和技巧，剪映电脑版与手机版相比，能更加精细地剪辑视频。在抖音上经常会刷到有趣的合成创意视频，只要掌握了本节的剪辑方法，就能轻松制作出创意十足的作品。

6.1.1　认识剪映电脑版软件

    剪映电脑版是由抖音官方推出的一款计算机剪辑软件，拥有清晰的操作界面、强大的面板功能，同时也延续了剪映手机版全能易用的操作风格，非常适用于各种专业的剪辑场景，其界面组成如图 6-1 所示。

- 功能区：包括了剪映的媒体、音频、文本、贴纸、特效、转场、滤镜、调节及素材包九大功能模块。
- 操作区：提供了画面、音频、变速、动画及调节五大调整功能，当用户选择轨道上的素材后，操作区就会显示各项调整功能。
- "播放器"面板：单击"播放"按钮，即可在预览窗口中播放视频效果；单击"原始"按钮，在打开的下拉列表中选择相应的画布尺寸比例，可以调整视频的画面尺寸大小。
- "时间线"面板：提供了选择、切割、撤销、恢复、分割、删除、定格、倒放、镜像、旋转及裁剪等常用的剪辑功能，当用户将素材拖曳至该面板中时，会自动生成相应的轨道。

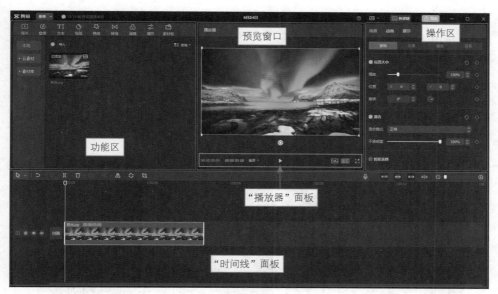

图 6-1

　　在剪映电脑版的操作区的"画面"面板中选择"基础"选项卡，在"混合"选项区中可以通过设置混合模式来进行图像合成。"混合模式"下拉列表框中有"正常""变亮""滤色""变暗""叠加""强光""柔光""颜色加深""线性加深""颜色减淡"及"正片叠底"11 种混合模式可以选择，如图 6-2 所示。

　　切换至"蒙版"选项卡，如图 6-3 所示。其中提供了"线性""镜面""圆形""矩形""爱心"及"星形"6 种蒙版，用户可以根据需要挑选蒙版，对视频画面进行合成处理，从而制作出有趣且有创意的蒙版合成视频。

图 6-2

图 6-3

例如，选择"星形"蒙版，在蒙版的上方会显示"反转" ⧉ 、"重置" ↻ 和"添加关键帧" ◇ 按钮，在蒙版下方会显示可以设置的参数选项和关键帧按钮，在其中可以设置蒙版的位置、旋转角度、大小及边缘线的羽化程度，如图6-4所示。

选择蒙版后，在"播放器"面板的预览窗口中会显示蒙版的默认大小，如图6-5所示。拖曳蒙版四周的控制柄，可以调整蒙版的大小；将鼠标指针移至蒙版的任意位置，长按鼠标左键并拖曳，可以调整蒙版的位置；长按 ↻ 按钮并拖曳，可以调整蒙版的旋转角度；长按 ⌃ 按钮并拖曳，可以调整蒙版边缘线的羽化程度。

图 6-4

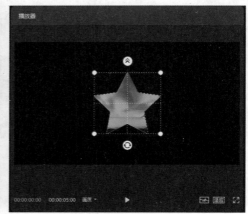

图 6-5

6.1.2　导入和导出素材

了解了剪映电脑版的界面功能后，就可以开始视频剪辑操作了。首先学习如何导入与导出素材。下面详细介绍操作方法。

Step 01 启动剪映电脑版，在功能区中单击"导入"按钮，如图6-6所示。

Step 02 打开"请选择媒体资源"对话框，选择文件所在位置，选中准备导入的素材，单击"打开"按钮，如图6-7所示。

图 6-6

图 6-7

Step 03 可以看到素材已经导入操作区，单击并拖动操作区中的素材至"时间线"面板中，释放鼠标，即可创建一段视频素材，单击界面右上角的"导出"按钮，如图6-8所示。

Step 04 打开"导出"对话框，在"作品名称"文本框中输入名称，在"导出至"文本框中设置文件保存位置，单击"导出"按钮，如图6-9所示。

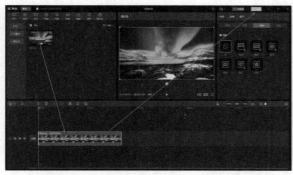

图 6-8

图 6-9

6.1.3　分割素材

分割素材是剪辑视频必不可少的操作。在剪映电脑版的"时间线"面板中，将时间指示器移至准备进行分割的位置，单击"分割"按钮II，如图6-10所示，即可将一段素材分割成两段素材，如图6-11所示。

图 6-10

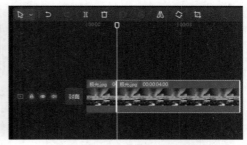

图 6-11

知识与技巧

除了使用上述单击按钮的方法对素材进行分割外，用户还可以按【Ctrl+B】组合键，也可以完成分割操作。

6.1.4　缩放和变速素材

视频的播放速度太快或者太慢时，用户可以对视频进行变速处理；如果视频素材的

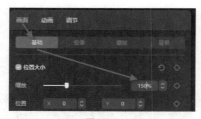

图 6-12

画面大小与设置的播放比例不符合，视频四周可能会出现黑边，用户可以更改素材的大小以填满整个屏幕。

Step01 在"时间线"面板中选中素材，在操作区的"画面"面板中选择"基础"选项卡，在"位置大小"区域中设置"缩放"参数为150%，如图6-12所示。

Step02 按【Enter】键即可完成放大素材的操作。图 6-13 所示为缩放为 100% 和缩放为 150% 的对比。

图 6-13

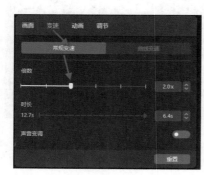

图 6-14

Step03 在"时间线"面板中选中素材，在操作区的"变速"面板中选择"常规变速"选项卡，设置"倍数"为2.0x，在"时长"区域中可以看到素材由原来的12.7s变为6.4s，通过以上步骤即可完成变速素材的操作，如图6-14所示。

6.1.5 倒放和定格素材

"定格"功能能够将视频中的某一帧画面定格并持续3s，而"倒放"功能对于方向性较强的素材会产生时间倒流的感觉。下面详细介绍倒放和定格素材的方法。

Step01 在"时间线"面板中将时间指示器移至准备定格的位置，单击"定格"按钮，如图 6-15 所示。

Step02 可以看到在时间指示器所在位置出现了一段静止图片素材，通过以上步骤即可完成定格素材的操作，如图 6-16 所示。

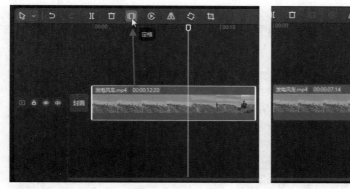

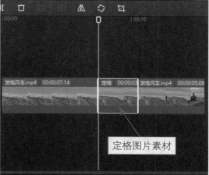

定格图片素材

图 6-15 | 图 6-16

Step03 在"时间线"面板中选中素材，单击"倒放"按钮，如图 6-17 所示。

Step04 素材完成倒放操作，效果如图 6-18 所示。

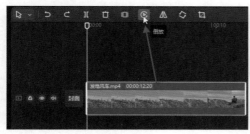

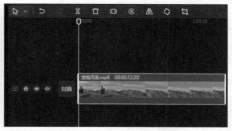

图 6-17 | 图 6-18

■ 6.2 调整与处理视频画面

本节将详细介绍旋转视频画面、设置视频背景及设置视频防抖等调整与处理视频画面的操作方法。通过本节的学习，用户将掌握初步处理视频素材的技巧。

微视频

6.2.1 实战案例——旋转视频画面

实例素材文件保存路径：配套素材 \ 素材文件 \ 第 6 章 \ 极光 .jpg

实例效果文件名称：旋转视频画面 .mp4

在剪映电脑版中，用户可以对视频素材进行旋转操作，方法非常简单，下面进行详细介绍。

Step01 将素材导入剪映电脑版的功能区，将素材拖入"时间线"面板中，在操作区的"画面"面板中选择"基础"选项卡，在"位置大小"区域中设置"缩放"为 50%，设置"旋转"为 45°，如图 6-19 所示。

Step02 在预览窗口中可以看到素材的大小和角度已经发生了改变，通过以上步骤即可完成旋转视频画面的操作，如图 6-20 所示。

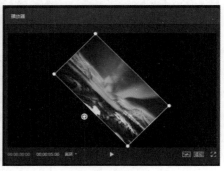

图 6-19

图 6-20

6.2.2 实战案例——设置视频背景

实例素材文件保存路径：配套素材 \ 素材文件 \ 第 6 章 \ 风车 .jpg
实例效果文件名称：设置视频背景 .mp4

在剪映电脑版中，用户可以对视频背景进行设置，方法非常简单，下面进行详细介绍。

Step01 将素材导入剪映电脑版的功能区，将素材拖入"时间线"面板中，在预览窗口中单击"适应"按钮，在打开的下拉列表框中选择"9:16（抖音）"选项，如图 6-21 所示。

Step02 可以看到素材比例已经发生了改变，如图 6-22 所示。

图 6-21

图 6-22

Step03 在操作区的"画面"面板中选择"背景"选项卡，设置"背景填充"为"模糊"选项，选择一种模糊效果，在预览窗口中查看效果，如图 6-23 所示。

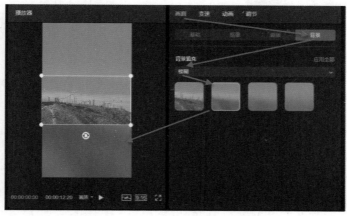

图 6-23

6.2.3　实战案例——设置视频防抖

> 实例素材文件保存路径：配套素材 \ 素材文件 \ 第 6 章 \ 风车 .jpg
> 实例效果文件名称：设置视频防抖 .mp4

在剪映电脑版中，用户可以对视频进行防抖设置，方法非常简单，下面进行详细介绍。

将素材导入剪映电脑版的功能区，将素材拖入"时间线"面板中，在操作区的"画面"面板中选择"基础"选项卡，勾选"视频防抖"复选框，右侧显示处理进度，等待一段时间后，即可完成设置视频防抖的操作，如图 6-24 所示。

图 6-24

第 7 章
调整视频色彩与色调

【本章主要内容】

本章主要介绍滤镜的基本操作，包括了解滤镜库、添加和删除滤镜、设置基础调节参数，以及高级调色效果应用方面的知识与技巧。通过本章的学习，读者可以掌握使用剪映电脑版调整视频色彩与色调方面的知识，为深入学习剪映知识奠定基础。

本章学习素材

■ 7.1 滤镜的基本操作

剪映为用户提供了数十种视频滤镜，合理运用这些滤镜可以模拟出各种艺术效果，使素材更加精美，使视频作品更加引人注目。在剪映电脑版中，用户可以将滤镜应用到单个素材，也可以将滤镜作为独立的一段素材应用到某一段时间。

7.1.1 了解滤镜库

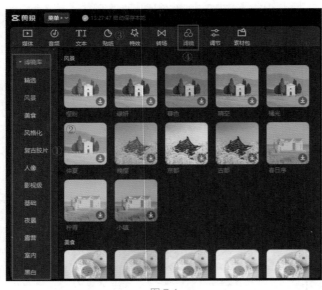

剪映电脑版的滤镜库位于功能区中，选择"滤镜"选项卡即可打开滤镜库，其中包括"精选""风景""美食""风格化""复古胶片""人像""影视级""基础""夜景""露营""室内""黑白"共 12 种滤镜，每种滤镜组下又有多个滤镜可供用户选择，如图 7-1 所示。

图 7-1

7.1.2　添加和删除滤镜

为素材添加和删除滤镜的方法非常简单，下面进行详细介绍。

Step01 启动剪映电脑版，在功能区中单击"导入"按钮，如图 7-2 所示。

Step02 打开"请选择媒体资源"对话框，选择文件所在位置，选中准备导入的素材，单击"打开"按钮，如图 7-3 所示。

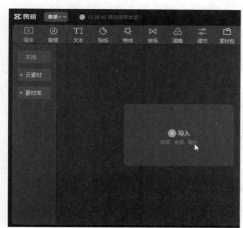

图 7-2

图 7-3

Step03 可以看到素材已经导入操作区，单击并拖动操作区中的素材至"时间线"面板中，释放鼠标，即可创建一段视频素材。在功能区中选择"滤镜"选项卡，选择"影视级"选项，单击"即可春光"滤镜的"下载"按钮，如图 7-4 所示。

图 7-4

Step 04 滤镜下载完成后，单击并拖动滤镜至"时间线"面板中，调整滤镜的持续时间，使其与素材保持一致，通过以上步骤即可完成添加滤镜的操作，如图7-5所示。

图 7-5

Step 05 在"时间线"面板中选择准备删除的滤镜，单击"删除"按钮■，如图7-6所示。

Step 06 可以看到滤镜已经被删除，通过以上步骤即可完成删除滤镜的操作，如图7-7所示。

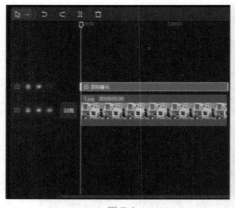 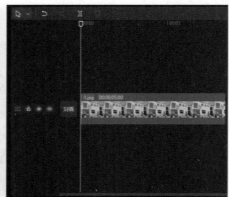

图 7-6   图 7-7

知识常识

　　除了使用上述单击按钮的方法对滤镜进行删除外，用户还可以选中滤镜，按键盘上的【Delete】键，也可以完成删除滤镜的操作。

7.1.3　设置基础调节参数

为素材添加了滤镜后，在"时间线"面板中选中滤镜，在操作区中会显示滤镜的具体参数，用户可以根据自身需要来调整滤镜的"强度"值，如图 7-8 所示。

■ 7.2　高级调色效果应用

微视频

　　　　本节将详细介绍滤镜功能的综合应用，包括制作夕阳橙红色调视频、制作古建筑色调视频、制作港风色调视频，以及制作海景天蓝色调视频的方法，通过本节案例的制作，用户可以掌握剪映电脑版滤镜和调节功能的运用方法。

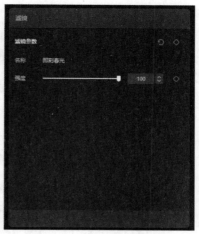

图 7-8

7.2.1　实战案例——夕阳橙红色调

实例素材文件保存路径：配套素材\素材文件\第 7 章\夕阳 .jpg
实例效果文件名称：夕阳橙红色调视频 .mp4

本小节将制作一个为素材添加"暮色"滤镜与背景音乐，并为背景音乐设置淡出效果的案例，下面详细介绍制作夕阳橙红色调视频的方法。

Step 01 启动剪映电脑版，在功能区中单击"导入"按钮，如图 7-9 所示。

Step 02 打开"请选择媒体资源"对话框，选择文件所在位置，选中准备导入的素材，单击"打开"按钮，如图 7-10 所示。

图 7-9

图 7-10

Step 03 可以看到素材已经导入到操作区，单击并拖动操作区中的素材至"时间线"面板中，释放鼠标，即可创建一段视频素材。在功能区中选择"滤镜"选项卡，选择"精选"选项，单击"暮色"滤镜的"下载"按钮，如图 7-11 所示。

图 7-11

Step04 滤镜下载完成后，单击并拖动滤镜至"时间线"面板中，调整滤镜的持续时间，使其与素材保持一致，如图 7-12 所示。

Step05 在功能区中选择"音频"选项卡，在搜索框中输入歌曲名称，单击搜索到的歌曲名称进行试听，单击"添加到轨道"按钮，如图 7-13 所示。

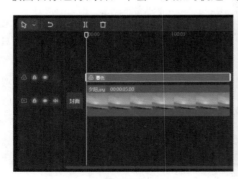

图 7-12

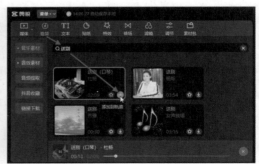

图 7-13

Step06 可以看到歌曲已被添加到"时间线"面板中，单击"时间线放大"按钮 ⊕，放大时间轴，调整视频素材和滤镜的持续时间为 15s，按空格键播放音乐，在准备保留的位置再次按空格键暂停音乐，将鼠标指针移至音乐左边框上，如图 7-14 所示。

Step07 单击并向右拖动鼠标，裁剪音乐至时间指示器所在位置，如图 7-15 所示。

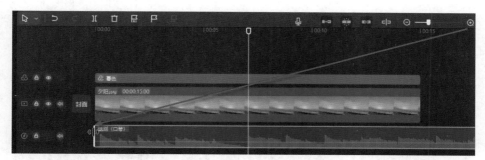

图 7-14

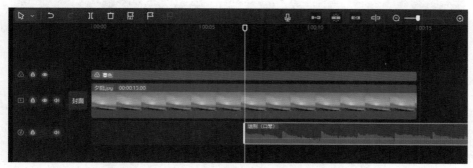

图 7-15

Step 08 拖动音乐至素材开始处，将多余的音乐素材裁剪掉，如图 7-16 所示。

Step 08 拖动音乐至素材开始处，将多余的音乐素材裁剪掉，如图 7-16 所示。

Step 09 选择音乐，在操作区中的"音频"面板中选择"基本"选项卡，设置"淡出时长"为 2.0s，如图 7-17 所示。

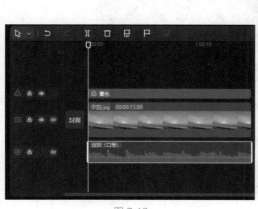

图 7-16

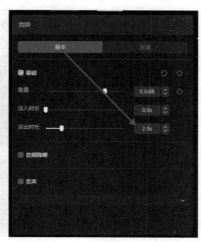

图 7-17

Step 10 在"时间线"面板中可以看到音乐素材的末尾以圆弧形逐渐降低音量,表示已经添加了淡出效果,如图 7-18 所示。

Step 11 单击界面右上角的"导出"按钮,如图 7-19 所示。

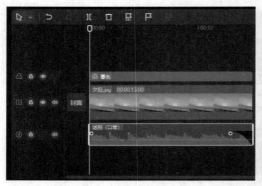
图 7-18

图 7-19

Step 12 打开"导出"对话框,在"作品名称"文本框中输入名称,在"导出至"文本框中设置文件保存位置,单击"导出"按钮,即可完成制作夕阳橙红色调视频的操作,如图 7-20 所示。

图 7-20

7.2.2 实战案例——古建筑色调

实例素材文件保存路径:配套素材\素材文件\第 7 章\古建筑色调
实例效果文件名称:古建筑色调视频 .mp4

　　本小节将制作一个为素材添加"山系"滤镜、转场效果及背景音乐，并为背景音乐设置淡入淡出效果的案例，下面详细介绍制作古建筑色调视频的方法。

Step01　启动剪映电脑版，在功能区中单击"导入"按钮，如图 7-21 所示。

Step02　打开"请选择媒体资源"对话框，选择文件所在位置，选中准备导入的素材，单击"打开"按钮，如图 7-22 所示。

图 7-21　　　　　　　　　　　　　　　　　　　图 7-22

　　Step03　可以看到素材已经导入到操作区，按"1 ～ 4"的名称顺序单击并拖动操作区中的素材至"时间线"面板中，释放鼠标，即可创建视频素材。在功能区中选择"滤镜"选项卡，选择"露营"选项，单击"山系"滤镜的"下载"按钮，如图 7-23 所示。

　　Step04　滤镜下载完成后，单击并拖动滤镜至"时间线"面板中，调整滤镜的持续时间，使其与第 1 段素材保持一致，如图 7-24 所示。

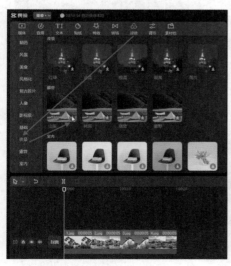

图 7-23　　　　　　　　　　　　　　　　　　　图 7-24

　　Step05　选择滤镜，按【Ctrl+C】组合键进行复制，将时间指示器移至第 2 段和第 3 段素材之间，按【Ctrl+V】组合键进行粘贴，复制出一个滤镜，如图 7-25 所示。

Step 06 在功能区中选择"转场"选项卡,选择"基础"选项,单击"水墨"转场的"下载"按钮,如图 7-26 所示。

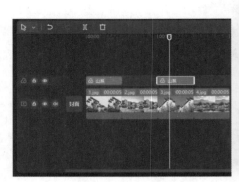

图 7-25 图 7-26

Step 07 转场下载完成后,单击并拖动"水墨"转场至"时间线"面板中的第 1 段和第 2 段素材之间,并调整滤镜时长使其只覆盖第 1 段素材,如图 7-27 所示。

Step 08 选择"水墨"转场,在操作区的"转场"面板中设置"时长"为 1.0s,如图 7-28 所示。

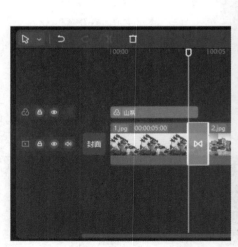
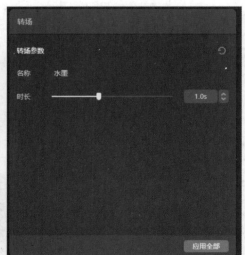

图 7-27 图 7-28

Step 09 继续在"基础"选项下单击"撕纸"转场的"下载"按钮,如图 7-29 所示。

Step 10 转场下载完成后,单击并拖动"撕纸"转场至"时间线"面板中的第 2 段和第 3 段素材之间,如图 7-30 所示。

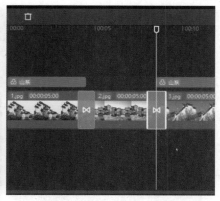

图 7-29

图 7-30

Step 11　选择"撕纸"转场，在操作区的"转场"面板中设置"时长"选项为 1.0s，如图 7-31 所示。

Step 12　继续在"基础"选项下单击"画笔擦除"转场的"下载"按钮，如图 7-32 所示。

图 7-31

图 7-32

Step 13　转场下载完成后，单击并拖动"画笔擦除"转场至"时间线"面板中的第 3 段和第 4 段素材之间，并调整滤镜时长使其只覆盖第 3 段素材，如图 7-33 所示。

图 7-33

Step14 选择"画笔擦除"转场，在操作区的"转场"面板中设置"时长"选项为1.0s，如图7-34所示。

Step15 在功能区中选择"音频"选项卡，在搜索框中输入歌曲名称，单击搜索到的歌曲名称进行试听，单击"添加到轨道"按钮，如图7-35所示。

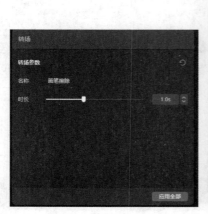

图7-34

图7-35

Step16 可以看到歌曲已被添加到"时间线"面板中，按空格键播放音乐，在准备保留的位置再次按空格键暂停音乐，将鼠标指针移至音乐左边框上，如图7-36所示。

Step17 单击并向右拖动鼠标，裁剪音乐至时间指示器所在位置，如图7-37所示。

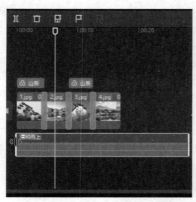

图7-36

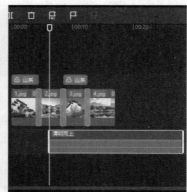

图7-37

Step18 拖动音乐至素材开始处，将多余的音乐素材裁剪掉，如图7-38所示。

Step19 选择音乐，在操作区的"音频"面板中选择"基本"选项卡，设置"淡入时长"和"淡出时长"均为2.0s，如图7-39所示。

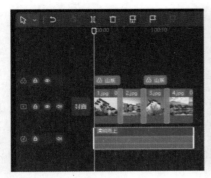

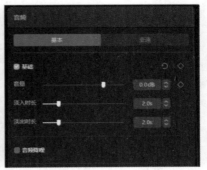

| 图 7-38 | 图 7-39 |

Step 20　在"时间线"面板中可以看到音乐素材的开始和末尾处以圆弧形逐渐降低音量，表示已经添加了淡入淡出效果，单击界面右上角的"导出"按钮，如图 7-40 所示。

图 7-40

Step 21　打开"导出"对话框，在"作品名称"文本框中输入名称，在"导出至"文本框中设置文件保存位置，单击"导出"按钮，即可完成制作古建筑色调视频的操作，如图 7-41 所示。

图 7-41

7.2.3 实战案例——港风色调

实例素材文件保存路径：配套素材\素材文件\第7章\野餐.mp4
实例效果文件名称：港风色调视频.mp4

本小节将制作一个为素材添加"港风"滤镜、"界面元素"贴纸、"泡泡变焦"特效及背景音乐，并为背景音乐设置淡出效果的案例，下面详细介绍制作港风色调视频的方法。

Step 01 启动剪映电脑版，在功能区中单击"导入"按钮，如图7-42所示。

Step 02 打开"请选择媒体资源"对话框，选择文件所在位置，选中准备导入的素材，单击"打开"按钮，如图7-43所示。

图 7-42　　　　　　　　　　　　　　　图 7-43

Step 03 可以看到素材已经导入操作区，单击并拖动操作区中的素材至"时间线"面板中，释放鼠标，即可创建视频素材，如图7-44所示。

Step 04 选择素材，在操作区的"变速"面板中选择"常规变速"选项卡，设置"倍数"为2.0x，如图7-45所示。

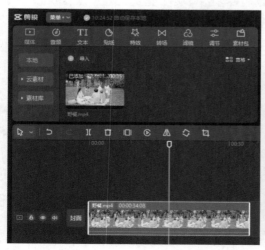

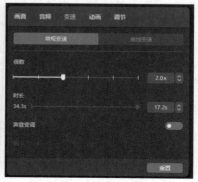

图 7-44　　　　　　　　　　　　　　　图 7-45

Step 05　在功能区中选择"滤镜"选项卡，选择"复古胶片"选项，单击"港风"
滤镜的"下载"按钮，如图 7-46 所示。

Step 06　滤镜下载完成后，单击并拖动滤镜至"时间线"面板中，调整滤镜的持续时间，
使其与素材保持一致，如图 7-47 所示。

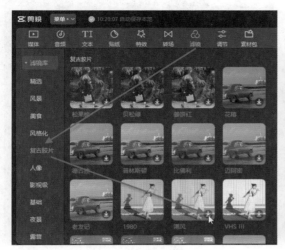

图 7-46　　　　　　　　　　　　　　　　　图 7-47

Step 07　在功能区中选择"贴纸"选项卡，选择"界面元素"选项，单击准备使用
的贴纸的"下载"按钮，如图 7-48 所示。

Step 08　贴纸下载完成后，单击并拖动贴纸至"时间线"面板中，调整贴纸的持续时间，
使其与素材保持一致，如图 7-49 所示。

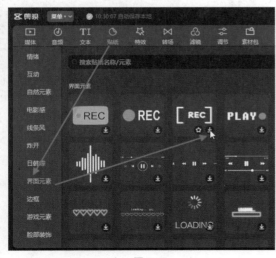

图 7-48　　　　　　　　　　　　　　　　　图 7-49

Step 09 在预览窗口中调整贴纸的大小和位置，如图 7-50 所示。

Step 10 在功能区中选择"特效"选项卡，选择"基础"选项，单击"泡泡变焦"特效的"下载"按钮，如图 7-51 所示。

图 7-50

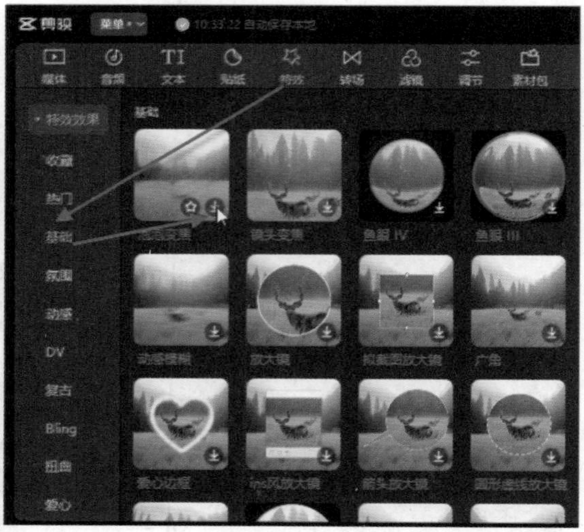

图 7-51

Step 11 特效下载完成后，单击并拖动特效至"时间线"面板中，如图 7-52 所示。

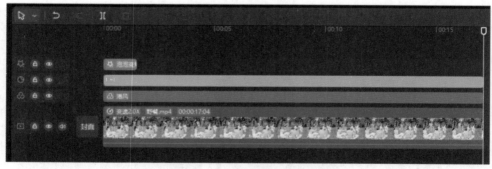

图 7-52

Step 12 在功能区中选择"音频"选项卡，选择"音乐素材"选项，在搜索框中输入歌曲名称，单击搜索到的歌曲名称进行试听，单击"添加到轨道"按钮，如图 7-53 所示。

Step 13 可以看到歌曲已被添加到"时间线"面板中，放大时间轴，可以看到歌曲最开始有几秒静音部分，将鼠标指针移至音乐左边框上，如图 7-54 所示。

Step 14 单击并向右拖动鼠标，裁剪音乐至时间指示器所在位置，如图 7-55 所示。

Step 15 拖动音乐至素材开始处，将多余的音乐素材裁剪掉，如图 7-56 所示。

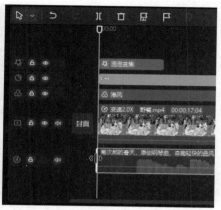

图 7-53 图 7-54

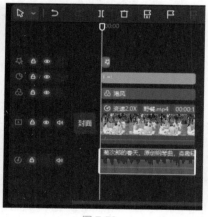

图 7-55 图 7-56

Step16 选择音乐，在操作区中打开 "音频"面板，选择"基本"选项卡，设置"淡出时长"为 2.0s，单击界面右上角的"导出"按钮，如图 7-57 所示。

Step17 打开"导出"对话框，在"作品名称"文本框中输入名称，在"导出至"文本框中设置文件保存位置，单击"导出"按钮，即可完成制作港风色调视频的操作，如图 7-58 所示。

图 7-57

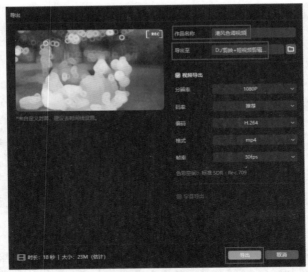

图 7-58

7.2.4　实战案例——海景天蓝色调

实例素材文件保存路径：配套素材\素材文件\第7章\海边.mp4
实例效果文件名称：海景天蓝色调视频.mp4

当剪映电脑版自带的滤镜不能满足视频调色需要时，用户还可以使用剪映电脑版中的"调节"功能自行调整色调、色温和饱和度等参数，下面详细介绍制作海景天蓝色调视频的方法。

Step01 启动剪映电脑版，在功能区中单击"导入"按钮，如图 7-59 所示。

Step02 打开"请选择媒体资源"对话框，选择文件所在位置，选中准备导入的素材，单击"打开"按钮，如图 7-60 所示。

图 7-59

图 7-60

Step03 可以看到素材已经导入到操作区，单击并拖动操作区中的素材至"时间线"面板中，释放鼠标，即可创建视频素材，如图 7-61 所示。

Step04 选择素材，在功能区中选择"调节"选项卡，选择"自定义"选项，单击"自定义调节"素材上的"添加到轨道"按钮，如图 7-62 所示。

图 7-61

图 7-62

Step05 可以看到调节素材已经被添加到"时间线"面板中，选择调节素材，在操作区的"调节"面板中选择"基础"选项卡，在"调节"区域设置"色温""色调"和"饱和度"参数，如图 7-63 所示。

Step06 调节之前和调节之后的视频对比效果如图 7-64 所示。

Step07 在功能区中选择"特效"选项卡，选择"基础"选项，单击"擦拭开幕"特效预览效果，然后单击"添加到轨道"按钮，如图 7-65 所示。

Step08 可以看到特效被添加到"时间线"面板中，设置特效持续时间为 1 秒 15 帧，如图 7-66 所示。

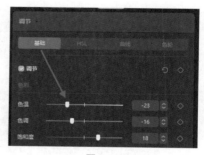

图 7-63

图 7-64

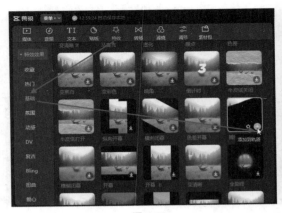
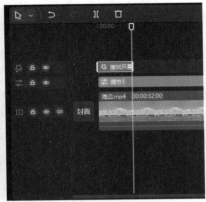

图 7-65   图 7-66

Step 09 选择特效，在操作区的"特效"面板中设置"速度"为 100，如图 7-67 所示。

Step 10 在功能区中选择"音频"选项卡，选择"音效素材"选项，在文本框中输入"擦拭"，单击"搜索"按钮，单击搜索到的音效进行试听，单击"添加到轨道"按钮，如图 7-68 所示。

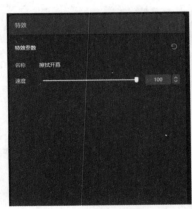
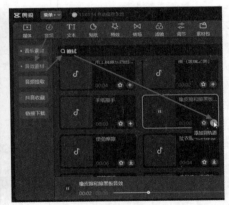

图 7-67   图 7-68

Step 11 可以看到音效已经添加到"时间线"面板中，将鼠标指针移至音效右边框上，单击并向左拖动边框，使音效与特效的持续时间保持一致，如图 7-69 所示。

Step 12 在功能区中选择"音频"选项卡，选择"音乐素材"选项，在搜索框中输入歌曲名称，单击搜索到的歌曲名称进行试听，单击"添加到轨道"按钮，如图 7-70 所示。

Step 13 可以看到歌曲已添加到"时间线"面板中，放大时间轴，可以看到歌曲最开始有几秒静音部分，将鼠标指针移至音乐左边框上，如图 7-71 所示。

Step 14 单击并向右拖动鼠标，裁剪音乐至时间指示器所在位置，如图 7-72 所示。

Step 15 拖动音乐至音效结尾处，将多余的音乐素材裁剪掉，如图 7-73 所示。

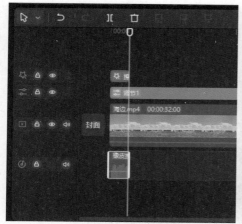

图 7-69

图 7-70

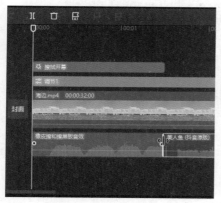

图 7-71

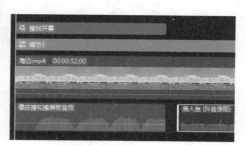

图 7-72

Step16 选择音乐，在操作区中打开"音频"面板，选择"基本"选项卡，设置"淡出时长"为 3.0s，单击界面右上角的"导出"按钮，如图 7-74 所示。

图 7-73

图 7-74

Step17 打开"导出"对话框,在"作品名称"文本框中输入名称,在"导出至"文本框中设置文件保存位置,单击"导出"按钮,即可完成制作海景天蓝色调视频的操作,如图 7-75 所示。

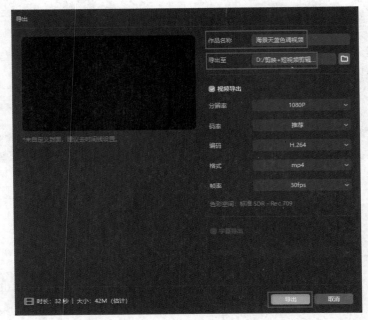

图 7-75

【本章主要内容】

本章主要介绍手动添加字幕和贴纸，以及自动生成字幕效果方面的知识与技巧，在本章的最后还针对实际的工作需求，讲解文字分割插入效果、文字旋转分割效果的制作方法。通过本章的学习，读者可以掌握使用剪映电脑版添加字幕和贴纸方面的知识，为深入学习剪映知识奠定基础。

本章学习素材

■ 8.1　手动添加字幕和贴纸

动画贴纸功能是如今许多短视频编辑类软件都具备的一项功能，通过在视频画面中添加动画贴纸，不仅可以起到较好的遮挡作用（类似于马赛克），还能让视频画面看上去更加酷炫。而为视频添加字幕，则可以使观众更清晰明了地了解视频所表达的内容，尤其是在有对话的视频中，字幕的作用更为突出。

8.1.1　添加文本和设置样式

使用剪映电脑版在素材中创建字幕的方法非常简单，下面详细介绍操作方法。

Step01 在功能区中选择"文本"选项卡，选择"新建文本"选项，选择"默认"选项，单击"默认文本"中的"添加到轨道"按钮，如图 8-1 所示。

图 8-1

Step02 可以看到"时间线"面板中已经添加了默认字幕素材，设置持续时间，使其与视频素材保持一致，如图 8-2 所示。

Step03 在操作区的"文本"面板中选择"基础"选项卡，在文本框中输入内容，设置字号，在"预设样式"区域选择一种样式，在预览窗口中调整文本的位置，如图 8-3 所示。

图 8-2   图 8-3

8.1.2 应用花字

如果用户不想浪费时间自己设置文本样式，还可以应用剪映电脑版的花字模板，快速制作出带有颜色、阴影和发光效果的文本。

Step01 在功能区中选择"文本"选项卡，选择"花字"选项，选择"彩色渐变"选项，单击准备应用的文本样式中的"下载"按钮，如图 8-4 所示。

Step02 花字下载完成后，将其拖到"时间线"面板中，设置持续时间，使其与视频素材保持一致，如图 8-5 所示。

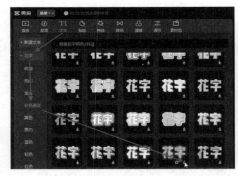

图 8-4

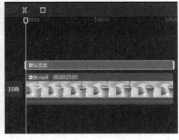

图 8-5

图 8-6

Step03 在操作区的"文本"面板中选择"基础"选项卡，在文本框中输入内容，设置字号，在预览窗口中调整文本的位置，如图 8-6 所示。

8.1.3　添加贴纸

用户还可以为视频素材添加贴纸，使用剪映电脑版为视频素材添加贴纸的方法非常简单，下面详细介绍操作方法。

Step 01　在功能区中选择"贴纸"选项卡，选择"界面元素"选项，单击准备应用的贴纸中的"下载"按钮，如图 8-7 所示。

Step 02　贴纸下载完成后，将其拖到"时间线"面板中，设置持续时间，使其与视频素材保持一致，如图 8-8 所示。

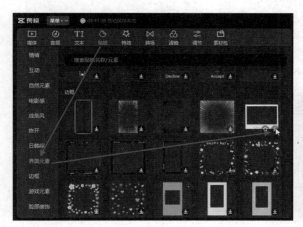

图 8-7

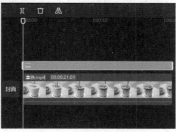

图 8-8

Step 03　在操作区的"动画"面板中选择"入场"选项卡，下载"放大"动画并应用，设置"动画时长"为 2.0s，如图 8-9 所示。

图 8-9

8.2　自动生成字幕效果

剪映电脑版与手机版同样具有自动生成字幕的功能，如果视频里有对话或者想要为背景音乐添加歌词，在剪映电脑版中都能实现，而且还可以制作字幕动画效果，让字幕动起来，使视频更加生动。

8.2.1　运用识别字幕功能制作解说词

如果视频本身带有解说声音，用户可以利用剪映的"识别字幕"功能为视频一键添加解说词。下面详细介绍运用识别字幕功能制作解说词的操作方法。

Step 01 将视频素材添加到"时间线"面板中，选中素材，在功能区中选择"文本"选项卡，选择"智能字幕"选项，在"识别字幕"区域单击"开始识别"按钮，如图 8-10 所示。

Step 02 等待一段时间，剪映电脑版将完成字幕识别，通过以上步骤即可完成运用识别字幕功能制作解说词的操作，如图 8-11 所示。

 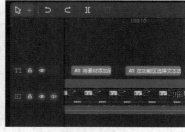

图 8-10   图 8-11

8.2.2 运用识别歌词功能制作 KTV 字幕

用户还可以为背景音乐识别歌词，然后为歌词添加 KTV 字幕动画效果，下面详细介绍运用识别歌词功能制作 KTV 字幕的方法。

Step 01 为素材添加一段背景音乐，如图 8-12 所示。

Step 02 选择背景音乐，在功能区中选择"文本"选项卡，选择"识别歌词"选项，单击"开始识别"按钮，如图 8-13 所示。

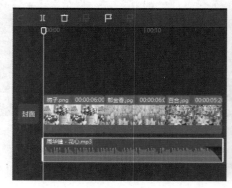 

图 8-12   图 8-13

Step 03 等待一段时间，剪映电脑版将完成歌词识别，如图 8-14 所示。

Step 04 选择第 1 段歌词字幕，在操作区的"文本"面板中选择"基础"选项卡，设置字号，在"预设样式"区域选择一种样式，可以在预览窗口查看效果，如图 8-15 所示。

图 8-14

图 8-15

Step05 在操作区的"动画"面板中选择"入场"选项卡，下载"卡拉 OK"动画并应用，设置"动画时长"为最长，如图 8-16 所示。

图 8-16

Step06 使用相同的方法设置其他 3 段歌词字幕，最终效果如图 8-17 所示。

8.2.3　运用朗读功能制作字幕配音

用户不仅可以为视频素材添加字幕，还可以为字幕制作配音。下面详细介绍运用朗读功能制作字幕配音的方法。

Step01 将素材添加到"时间线"面板中，在功能区中选择"文本"选项卡，选择"花字"选项，选择"热门"选项，单击准备应用的文本样式中的

图 8-17

"下载"按钮，如图 8-18 所示。

Step02 花字下载完成后，将其拖到"时间线"面板中，如图 8-19 所示。

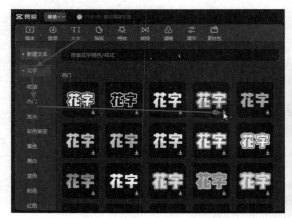
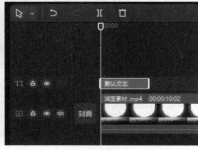

图 8-18　　　　　　　　　　　　　　　　图 8-19

Step03 选择字幕，在操作区的"文本"面板中选择"基础"选项卡，在文本框中输入内容，在预览窗口中调整文本的位置，如图 8-20 所示。

Step04 在操作区中选择"朗读"选项卡，单击"新闻男声"配音，单击"开始朗读"按钮，如图 8-21 所示。

图 8-20　　　　　　　　　　　　　　　　图 8-21

Step05 在"时间线"面板中可以看到已经为字幕创建了配音，如图 8-22 所示。

Step06 选择字幕，按【Ctrl+C】组合键，将时间指示器移至下一个需要添加字幕的位置，按【Ctrl+V】组合键进行粘贴，如图 8-23 所示。

Step07 选择复制的字幕，在操作区的"文本"面板中选择"基础"选项卡，在文本框中输入新内容，如图 8-24 所示。

Step08 使用相同的方法为第 2 段字幕配音"新闻男生"，如图 8-25 所示。

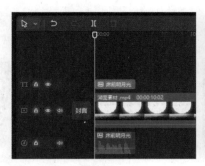

图 8-22

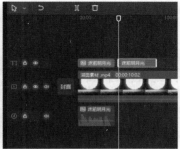

图 8-23

图 8-24

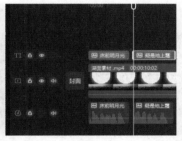

图 8-25

图 8-26

Step 09 使用相同的方法制作另外两句诗的字幕，最终效果如图 8-26 所示。

■ 8.3　常见的短视频字幕特效

本节将详细介绍制作短视频字幕特效的案例，包括文字分割插入效果及文字旋转分割效果两个案例，都是通过为字幕添加关键帧来实现动画效果。通过本节案例的制作，用户可以掌握使用剪映电脑版制作字幕特效的方法。

微视频

8.3.1　实战案例——文字分割插入效果

> 实例素材文件保存路径：配套素材 \ 素材文件 \ 第 8 章 \8.3.1
> 实例效果文件名称：文字分割插入效果 .mp4

本小节将制作文字分割插入效果，主要使用"混合模式""蒙版""打字机Ⅱ"动画等功能，下面详细介绍制作文字分割插入效果的方法。

Step 01 在功能区中选择"文本"选项卡，选择"新建文本"选项，选择"默认"选项，单击"默认文本"中的"添加到轨道"按钮，如图 8-27 所示。

Step02 可以看到文本已经添加到"时间线"面板中的轨道上，设置持续时间为
10s，如图 8-28 所示。

图 8-27   图 8-28

Step03 选择文本，在操作区的"文本"面板中选择"基础"选项卡，在文本框中输
入内容，单击"导出"按钮将其导出，作为素材视频备用，如图 8-29 所示。

图 8-29

Step04 新建一个草稿文件，将文字视频和"水中月"视频导入"媒体"功能区，将"水中月"视频添加到视频轨道上，将文字视频添加到画中画轨道上，如图 8-30 所示。

图 8-30

Step05 选择文字视频，在操作区的"画面"面板中选择"基础"选项卡，设置"缩放"为 125%，设置"位置"区域中的"Y"选项参数，设置"混合模式"为"滤色"，如图 8-31 所示。

Step06 在操作区的"画面"面板中选择"蒙版"选项卡，选择"矩形"蒙版，设置"位置"区域中的"X"参数，设置"大小"区域中的"长"和"宽"参数，单击"反转"按钮，如图 8-32 所示。

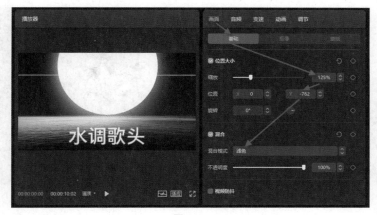

图 8-31

图 8-32

Step 07 移动时间指示器至 00:00:00:20 帧的位置，添加一个默认文本，并调整文本的结束位置与文字视频的结束位置对齐，如图 8-33 所示。

Step 08 在操作区的"文本"面板中选择"基础"选项卡，输入文字内容，如图 8-34 所示。

Step 09 在"排列"区域设置"字间距"为 4，设置"缩放"为 28%，可以在预览窗口中查看效果，如图 8-35 所示。

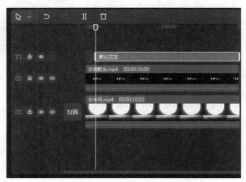

图 8-33

图 8-34   图 8-35

Step 10 在操作区的"动画"中选择"入场"选项卡，下载并应用"打字机Ⅱ"动画，设置动画时长为 2.0s，如图 8-36 所示。

Step 11 选择画中画轨道上的文字视频，将时间指示器移至 00:00:02:15 的位置，在操作区的"画面"面板中选择"蒙版"选项卡，选择"矩形"蒙版，单击"大小"区域中右侧的"添加关键帧"按钮◇，如图 8-37 所示。

Step 12 将时间指示器移至开始处，在操作区的"画面"面板中选择"蒙版"选项卡，设置"大小"区域中的"宽"为 200，此时在开始处会自动添加一个蒙版关键帧，如图 8-38 所示。至此，完成文字分割插入效果的制作。

图 8-36   图 8-37   图 8-38

8.3.2　实战案例——文字旋转分割效果

实例素材文件保存路径：配套素材 \ 素材文件 \ 第 8 章 \8.3.2
实例效果文件名称：文字旋转分割效果 .mp4

本小节将制作文字旋转分割效果，主要使用"混合模式""蒙版""关键帧"等功能，下面详细介绍制作文字旋转分割效果的方法。

Step 01　在字幕轨道上添加一个默认文本，并调整文本时长为 32s，如图 8-39 所示。

Step 02　在操作区的"文本"面板中选择"基础"选项卡，输入文本内容，设置"缩放"参数为 500%，设置"位置"区域中的"X"为 4250，并单击右侧的"添加关键帧"按钮◇，如图 8-40 所示。

Step 03　将时间指示器移至结束位置，在操作区中设置"位置"区域的"X"为 −4250，单击上方的"导出"按钮，导出名为"夏日的海风"的视频备用，如图 8-41 所示。

图 8-39

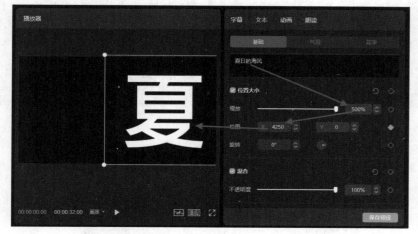

图 8-40

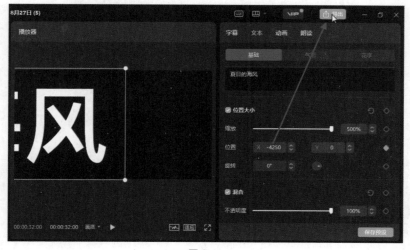

图 8-41

Step04 单击"颜色"下拉按钮，在打开的颜色库中选择一种颜色，如图 8-42 所示。

Step05 将名为"海边"的视频添加到视频轨道中，单击"导出"按钮，导出名为"视频 1"的视频备用，如图 8-43 所示。

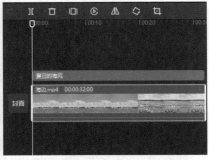

图 8-42   图 8-43

Step06 在字幕轨道中将文本删除，导入"夏日的海风"视频并添加到画中画轨道中，如图 8-44 所示。

图 8-44

Step07 选择"夏日的海风"视频，在操作区的"画面"面板中选择"基础"选项卡，设置"混合模式"为"正片叠底"，单击"导出"按钮，导出名为"镂空文字"的视频备用，如图 8-45 所示。

Step08 单击界面左上角的"菜单"按钮，打开的下拉列表框中选择"文件"选项，在子菜单中选择"新建草稿"选项，如图 8-46 所示。

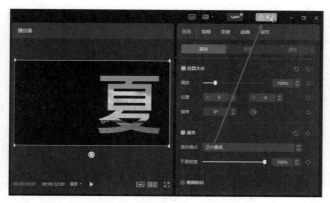

图 8-45

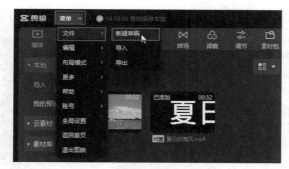

图 8-46

Step 09 新建一个草稿，导入"视频 1"和"镂空文字"视频，并将其添加到"时间线"
面板中，如图 8-47 所示。

图 8-47

Step 10 选择"镂空文字"视频，将时间指示器移至开始处，在操作区的"画面"面
板中选择"蒙版"选项卡，选择"矩形"蒙版，设置"旋转"和"大小"参数，单击右
侧的"添加关键帧"按钮◇，如图 8-48 所示。

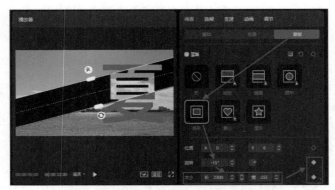

图 8-48

Step 11 将时间指示器移至 00:00:15:00 的位置，设置"旋转"和"大小"参数，添加第 2 个关键帧，如图 8-49 所示。

图 8-49

Step 12 将时间指示器移至 00:00:30:00 的位置，设置"旋转"和"大小"参数，如图 8-50 所示。至此，完成文字旋转分割效果的制作。

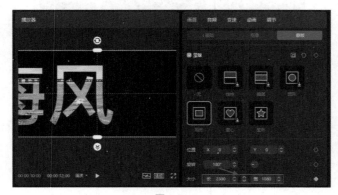

图 8-50

第 9 章
编辑音频和制作卡点视频

【本章主要内容】

本章主要介绍添加背景音乐并剪辑时长、添加场景音效和提取音频设置淡化效果方面的知识与技巧，在本章的最后还针对实际的工作需求，讲解了颜色渐变卡点效果、新年祝福卡点效果的制作方法。通过本章的学习，读者可以掌握编辑音频和卡点视频方面的知识，为深入学习剪映知识奠定基础。

本章学习素材

■ 9.1　添加音频

为视频素材添加完各种特效、滤镜及字幕后，就可以为其添加背景音乐了，剪映电脑版具有非常丰富的背景音乐曲库，而且进行了十分细致的分类，用户可以根据自己的视频内容或主题来快速选择合适的背景音乐。

9.1.1　添加背景音乐并剪辑时长

为视频添加背景音乐并剪辑时长的方法非常简单，下面详细介绍操作方法。

Step01 启动剪映电脑版，在功能区的"媒体"面板中单击"导入"按钮，如图 9-1 所示。

Step02 打开"请选择媒体资源"对话框，选择素材所在位置，选中准备导入的素材，单击"导入"按钮，如图 9-2 所示。

图 9-1

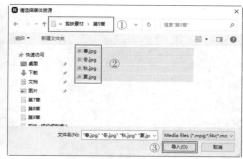

图 9-2

Step 03 可以看到素材被导入剪映中，将其按照"春~冬"的名称顺序拖入"时间线"面板中，如图 9-3 所示。

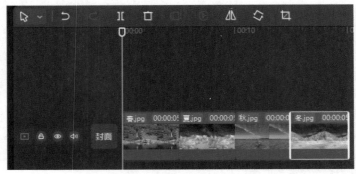

图 9-3

Step 04 在功能区中选择"音频"选项卡，单击"音乐素材"下拉按钮，选择"纯音乐"选项，单击准备应用的音乐名称进行试听，单击"添加到轨道"按钮 ⊞，如图 9-4 所示。

Step 05 此时音乐已被添加到"时间线"面板中，可以看到音乐的时长比素材长，将鼠标指针移至音乐素材的右边框上，如图 9-5 所示。

图 9-4

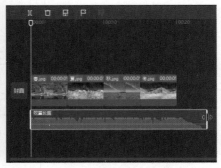

图 9-5

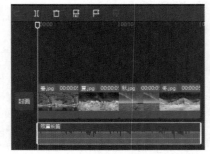

图 9-6

Step 06 单击并向左拖动鼠标指针，使音乐时长与素材保持一致，如图 9-6 所示。

知识与技巧

如果看到喜欢的音乐，也可以单击"收藏"按钮 ☆，先将其收藏起来，待下次剪辑视频时可以在"收藏"列表中快速选择该背景音乐。

9.1.2　添加场景音效

剪映电脑版中提供了很多有趣的音频特效，用户可以根据短视频的情境来增加音效，如综艺、笑声、机械、人声、转场、游戏、魔法、打斗、美食、动物、环境音、手机、悬疑及乐器等。下面介绍为视频添加场景音效的方法。

Step01 启动剪映电脑版，在功能区的"媒体"面板中单击"导入"按钮，如图 **9-7** 所示。

Step02 打开"请选择媒体资源"对话框，选择素材所在位置，选中准备导入的素材，单击"导入"按钮，如图 **9-8** 所示。

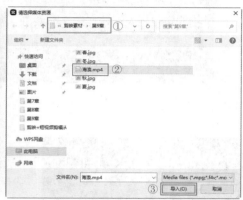

图 9-7　　　　　　　　　　　　　　　　图 9-8

Step03 可以看到素材被导入到剪映中，将其拖入"时间线"面板中，如图 **9-9** 所示。

Step04 在功能区中选择"音频"选项卡，选择"音效素材"选项，在搜索框中输入"海浪"，单击"搜索"按钮，单击搜索到的音效名称进行试听，单击"添加到轨道"按钮，如图 **9-10** 所示。

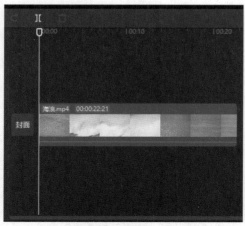
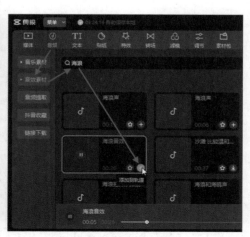

图 9-9　　　　　　　　　　　　　　　　图 9-10

Step 05 此时音效已被添加到"时间线"面板中，将鼠标指针移至音乐素材的右边框上，根据视频中海浪的位置调整音效中声音最大的位置，如图 9-11 所示。

Step 06 选中素材，单击并向左拖动鼠标指针，如图 9-12 所示。

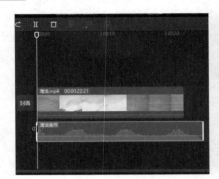
图 9-11

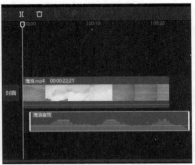
图 9-12

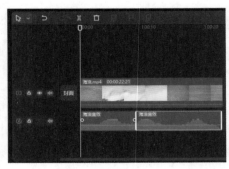
图 9-13

Step 07 移动音效至视频开始处，继续根据视频中海浪的位置调整音效，最终效果如图 9-13 所示。

9.1.3　提取音频设置淡化效果

如果用户想使用其他人制作的视频中的背景音乐，可以将视频保存到计算机中，并通过剪映来提取视频中的背景音乐，将其用到自己的视频中。

Step 01 启动剪映电脑版，导入素材并将其添加到"时间线"面板中，如图 9-14 所示。

Step 02 在功能区中选择"音频"选项卡，选择"提取音频"选项，单击"导入"按钮，如图 9-15 所示。

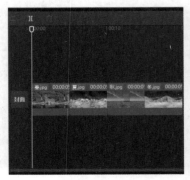
图 9-14

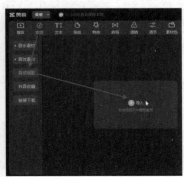
图 9-15

Step03　打开"请选择媒体资源"对话框，选择素材所在位置，选中准备导入的素材，单击"导入"按钮，如图 9-16 所示。

Step04　可以看到音频已经被提取出来并导入到剪映中，单击"添加到轨道"按钮，如图 9-17 所示。

图 9-16

图 9-17

Step05　设置音频时长与素材时长对齐，选择音频，在操作区的"音频"面板中选择"基本"选项卡，设置"淡入时长"和"淡出时长"均为 2.0s，如图 9-18 所示。

Step06　在"时间线"面板中可以看到背景音乐开始处和结尾处的波形都呈圆弧形显示，表示已经添加了淡入和淡出效果，如图 9-19 所示。

图 9-18

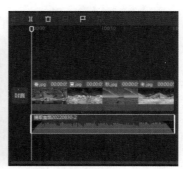

图 9-19

■ 9.2　制作卡点视频

卡点视频不但是短视频中非常火爆的一种类型，其制作方法相比其他类型的视频也容易很多，而且效果更好。卡点视频最重要的是对音乐的把控，用户可以利用剪映电脑版的音乐踩点功能制作卡点视频。

微视频

9.2.1　实战案例——颜色渐变卡点效果

实例素材文件保存路径：配套素材 \ 素材文件 \ 第 9 章 \9.2.1
实例效果文件名称：颜色渐变卡点效果 .mp4

图 9-20

渐变卡点视频是短视频卡点类型中比较热门的一种，视频画面会随着音乐的节奏点从黑白色渐变为有颜色的画面，主要使用剪映电脑版的"踩点"功能和"变彩色"特效，制作出色彩渐变卡点短视频效果。

Step01　启动剪映电脑版，在功能区的"媒体"面板中单击"导入"按钮，如图 9-20 所示。

Step02　打开"请选择媒体资源"对话框，选择素材所在位置，选中准备导入的素材，单击"导入"按钮，如图 9-21 所示。

Step03　将素材导入到剪映中，将其按照"春～冬"的名称顺序拖入"时间线"面板中，如图 9-22 所示。

图 9-21

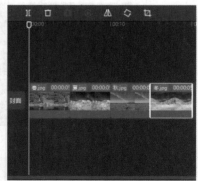

图 9-22

Step04　在功能区中选择"音频"选项卡，单击"音乐素材"下拉按钮，选择"卡点"选项，单击准备应用的音乐名称进行试听，单击"添加到轨道"按钮 ，如图 9-23 所示。

Step05　可以看到音乐已被添加到"时间线"面板中，单击"自动踩点"按钮，在打开的下拉列表框中选择"踩节拍 I"选项，如图 9-24 所示。

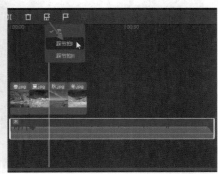

图 9-23　　　　　　　　　　　　　　图 9-24

Step 06 可以看到在音乐鼓点的位置添加了对应的节拍点，节拍点以黄色小圆点显示，调整视频的持续时间，将每段视频的长度对齐音频中的黄色小圆点，如图 9-25 所示。

Step 07 将时间指示器移至开始处，在功能区中选择"特效"选项卡，选择"基础"选项，单击"变彩色"特效中的"下载"按钮，如图 9-26 所示。

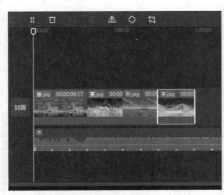
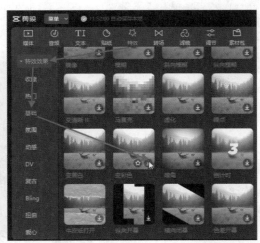

图 9-25　　　　　　　　　　　　　　图 9-26

Step 08 单击"变彩色"特效中的"添加到轨道"按钮，如图 9-27 所示。

Step 09 可以看到特效已被添加到素材开始处，设置特效的持续时间长度对齐音频中的黄色小圆点，如图 9-28 所示。

单击此按钮

图 9-27　　　　　　　　　　　　　图 9-28

Step10 在操作区的"特效"面板中设置特效的"变化速度"为10，如图9-29所示。

Step11 按【Ctrl+C】组合键和【Ctrl+V】组合键复制特效，将复制出的特效放置在其他短视频的开头，设置特效的持续时间长度对齐音频中的黄色小圆点，如图9-30所示。

Step12 选中第1段视频素材，在操作区的"动画"面板中选择"入场"选项卡，选择"向右甩入"动画，设置"动画时长"为1.0s，如图9-31所示。

Step13 为其他几段视频素材添加同样的动画，通过以上步骤即可完成制作颜色渐变卡点视频效果的操作，如图9-32所示。

图 9-29

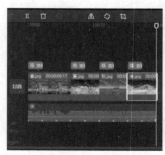

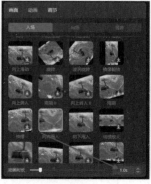

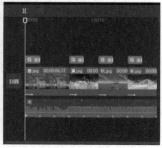

图 9-30　　　　　　　　图 9-31　　　　　　　　图 9-32

9.2.2　实战案例——新年祝福卡点效果

实例素材文件保存路径：无

实例效果文件名称：新年祝福卡点效果 .mp4

本案例首先为视频添加背景音乐，并对背景音乐进行踩点，然后应用剪映电脑版中的白场、花字等素材制作新年祝福视频，根据背景音乐节拍点设置字幕持续时间即可。

Step01　启动剪映电脑版，在功能区中选择"音频"选项卡，单击"音乐素材"下拉按钮，选择"卡点"选项，单击准备应用的音乐名称进行试听，单击"添加到轨道"按钮 ，如图 9-33 所示。

Step02　可以看到音乐已被添加到"时间线"面板中，单击"自动踩点"按钮，在打开的下拉列表框中选择"踩节拍Ⅰ"选项，如图 9-34 所示。

图 9-33　　　　　　　　　　　　　　　图 9-34

Step03　在功能区中选择"媒体"选项卡，选择"素材库"选项，单击"白场"素材中的"下载"按钮，如图 9-35 所示。

Step04　素材下载完成后，单击"添加到轨道"按钮 ，如图 9-36 所示。

Step05　可以看到素材被添加到视频轨道中，如图 9-37 所示。

Step06　选择白场素材，在操作区的"画面"面板中选择"基础"选项卡，设置"不透明度"为 0，如图 9-38 所示。

Step07　在操作区的"画面"面板中选择"背景"选项卡，在准备应用的背景图案上单击"下载"按钮，如图 9-39 所示。

图 9-35

图 9-36

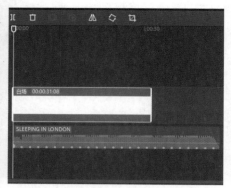

图 9-37

图 9-38

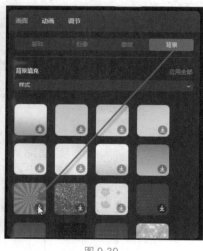

图 9-39

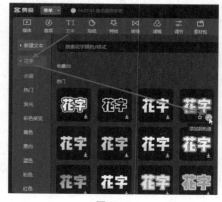

图 9-40

Step08 在功能区中选择"文本"选项卡，选择"花字"选项，在准备应用的花字上单击"添加到轨道"按钮，如图 9-40 所示。

Step09 在操作区的"文本"面板中选择"基础"选项卡，输入字幕内容，设置字号为 30，可以在预览窗口中查看效果，如图 9-41 所示。

Step10 设置字幕的持续时间与黄色节拍点对齐，复制第 1 段字幕，输入不同的内容，设置持续时间都与节拍点对齐，如图 9-42 所示。

图 9-41

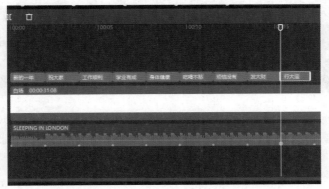

图 9-42

Step 11 选择第 1 段字幕，在操作区的"动画"面板中选择"入场"选项卡，选择"向上弹入"动画，设置"动画时长"为 1.0s，如图 9-43 所示。

图 9-43

Step 12 为每一段字幕添加相同的动画效果，并在节拍点的位置分割白场素材，如图 9-44 所示。

Step 13 为第 2 段到最后一段白场素材更换不同的背景。选择白场素材，在操作区的"画面"面板中选择"背景"选项卡，在准备使用的背景素材上单击"下载"按钮，如图 9-45 所示。

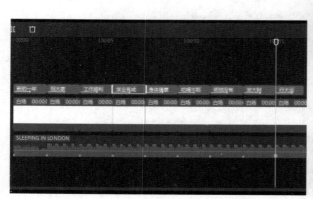

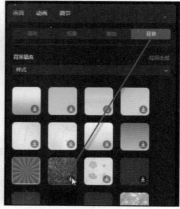

图 9-44   图 9-45

Step 14 选择音频素材，在操作区的"音频"面板中选择"基本"选项卡，设置"淡出时长"为 2.0s，如图 9-46 所示。

Step 15 通过以上步骤，即可完成制作新年祝福卡点视频效果的操作，如图 9-47 所示。

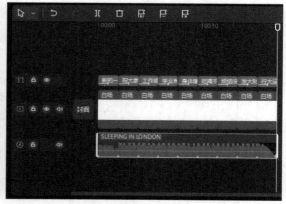

图 9-46   图 9-47

【本章主要内容】

本章主要介绍智能抠像与色度抠图、蒙版的应用与关键帧动画方面的知识与技巧，在本章的最后还针对实际的工作需求，讲解了遮挡视频中的水印和人物遮挡文字跟随显示效果的方法。通过本章的学习，读者可以掌握视频抠像与蒙版应用方面的知识，为深入学习剪映知识奠定基础。

本章学习素材

■ 10.1 智能抠像与色度抠图

剪映电脑版为用户提供了两种抠图方式：色度抠图与智能抠像。如果是使用剪映素材库自带的绿幕素材，那么使用"色度抠图"更为方便快捷；如果使用自己拍摄的素材，背景不是绿幕或者绿幕纯度受拍摄时的光线、环境等限制，使用"色度抠图"效果就没有那么好，此时可以使用"智能抠像"功能进行抠图。

10.1.1 使用智能抠像功能更换人物背景

使用智能抠像功能更换人物背景的方法非常简单，下面详细介绍操作方法。

Step01 启动剪映电脑版，在功能区的"媒体"面板中单击"导入"按钮，如图 10-1 所示。

Step02 打开"请选择媒体资源"对话框，选择素材所在位置，选中准备导入的素材，单击"导入"按钮，如图 10-2 所示。

图 10-1   图 10-2

Step03 可以看到素材被导入"媒体"面板中，将其拖入"时间线"面板中，如图 10-3 所示。

图 10-3

Step04 在操作区的"画面"面板中选择"抠像"选项卡，勾选"智能抠像"复选框，在预览区域上方显示处理进度，需要等待一段时间，如图 10-4 所示。

Step05 抠像完成后，可以看到素材的背景已经被抠掉，如图 10-5 所示。

图 10-4   图 10-5

Step06 在操作区的"画面"面板中选择"背景"选项卡，设置"背景填充"为"样式"，在准备应用的背景上单击"下载"按钮 ⬇，如图 10-6 所示。

Step07 可以看到素材的背景已经被更换，通过以上步骤即可完成使用智能抠像功能更换人物背景的操作，如图 10-7 所示。

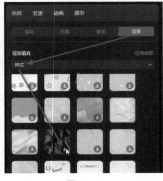 

图 10-6   图 10-7

10.1.2　使用色度抠图功能制作恐龙视频

用户还可以直接使用剪映电脑版自带的绿幕素材进行视频制作，如果使用剪映电脑版自带的绿幕素材，用户可以使用"色度抠图"功能快速实现抠图操作。

Step 01　启动剪映电脑版，在功能区的"媒体"面板中单击"导入"按钮，如图 10-8 所示。

Step 02　打开"请选择媒体资源"对话框，选择素材所在位置，选中准备导入的素材，单击"导入"按钮，如图 10-9 所示。

图 10-8

图 10-9

Step 03　可以看到素材被导入"媒体"面板中，将其拖入"时间线"面板中，如图 10-10 所示。

Step 04　在功能区的"媒体"面板中选择"素材库"选项，在搜索框中输入"绿幕恐龙素材"，单击"搜索"按钮，单击准备应用的素材上的"下载"按钮，如图 10-11 所示。

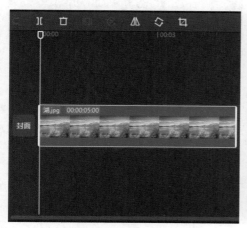

图 10-10

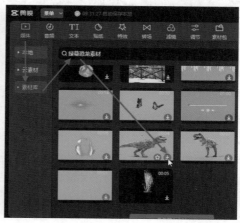

图 10-11

Step 05　素材下载完成后，将其拖入"时间线"面板中的画中画轨道上，裁剪下方的素材，使其与恐龙素材对齐，如图 10-12 所示。

Step 06　在操作区的"画面"面板中选择"抠像"选项卡，勾选"色度抠图"复选框，单击"取色器"按钮，移动光标至预览窗口中，在绿幕上单击进行取色，如图 10-13 所示。

123

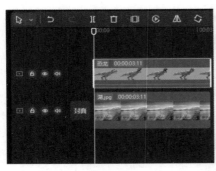

图 10-12

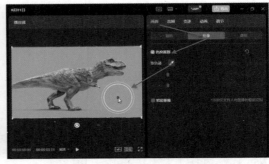

图 10-13

Step 07 在操作区的"画面"面板中选择"抠像"选项卡，激活"强度"和"阴影"选项，设置"强度"为 64，可以在预览窗口中查看绿幕的抠除效果，如图 10-14 所示。

Step 08 在操作区的"画面"面板中选择"基础"选项卡，设置"缩放"为 60%，设置"位置"参数，在预览窗口中查看效果，通过以上步骤即可完成使用色度抠图功能制作恐龙视频的操作，如图 10-15 所示。

图 10-14

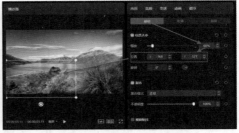

图 10-15

■ 10.2 蒙版的应用与关键帧动画

本节主要介绍使用剪映电脑版的"蒙版"和"关键帧"功能制作视频。蒙版能使用不同的形状遮挡视频素材，关键帧可以表现素材位置、大小、旋转等参数的变化过程，使视频更加丰富生动。

10.2.1 使用爱心形蒙版

剪映电脑版为用户提供了多种形状的蒙版，下面以使用爱心形蒙版为例，讲解使用蒙版的方法。

Step 01 启动剪映电脑版，在功能区的"媒体"面板中单击"导入"按钮，如图 10-16 所示。

Step 02 打开"请选择媒体资源"对话框,选择素材所在位置,选中准备导入的素材,单击"导入"按钮,如图 10-17 所示。

图 10-16

图 10-17

Step 03 可以看到素材被导入到"媒体"面板中,将其拖入"时间线"面板中,如图 10-18 所示。

Step 04 在操作区的"画面"面板中选择"蒙版"选项卡,选择"爱心"蒙版,在预览窗口中可以看到已经添加了一个爱心形状的蒙版,在窗口中调整蒙版的位置和大小,使其只露出人物头部,设置"羽化"参数为 6,如图 10-19 所示。

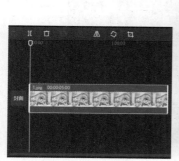

图 10-18

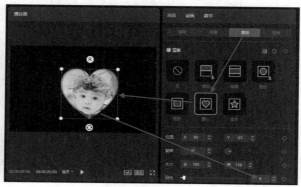

图 10-19

10.2.2 使用关键帧为蒙版添加动画效果

为素材添加了蒙版后,用户还可以为蒙版的各个选项参数添加关键帧,下面介绍使用关键帧为蒙版添加动画效果的方法。

Step 01 将素材拖入"时间线"面板中,将时间指示器移至素材开始处,在操作区的"画面"面板中选择"蒙版"选项卡,选择"爱心"蒙版,在预览窗口中可以看到已经添加了一个爱心形状的蒙版,设置"旋转"和"大小"参数,设置完成后单击右侧的"添加关键帧"按钮 ,如图 10-20 所示。

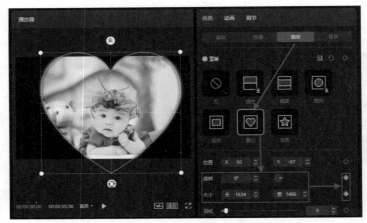

图 10-20

Step02 将时间指示器移至 2 秒处,继续设置"旋转"和"大小"参数,通过以上步骤即可完成使用关键帧为蒙版添加动画效果的操作,如图 10-21 所示。

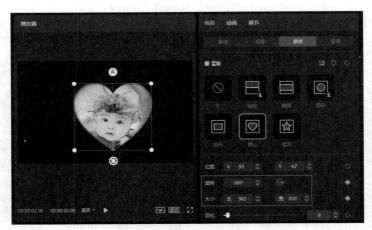

图 10-21

■ 10.3 制作蒙版和关键帧综合案例

微视频

　　本节将利用剪映电脑版的"抠图""蒙版"和"关键帧"功能制作完整的视频综合案例,包括利用蒙版遮挡视频中的水印和制作人物遮挡文字跟随显示效果。通过本节案例的制作,用户可以综合运用抠图、蒙版和关键帧功能来制作视频。

10.3.1　实战案例——遮挡视频中的水印

实例素材文件保存路径：配套素材\素材文件\第 10 章\10.3.1
实例效果文件名称：遮挡视频中的水印 .mp4

本案例主要利用剪映电脑版的"模糊"特效和"矩形蒙版"功能来进行制作，下面详细介绍遮挡视频中水印的方法。

Step01 启动剪映电脑版，在功能区的"媒体"面板中单击"导入"按钮，如图 10-22 所示。

Step02 打开"请选择媒体资源"对话框，选择素材所在位置，选中准备导入的素材，单击"导入"按钮，如图 10-23 所示。

图 10-22

图 10-23

Step03 可以看到素材被导入到"媒体"面板中，将其拖入"时间线"面板中，在预览窗口中可以看到画面中有水印，如图 10-24 所示。

Step04 在功能区中选择"特效"选项卡，单击"特效效果"下拉按钮，选择"基础"选项，单击"模糊"特效中的"下载"按钮，如图 10-25 所示。

图 10-24

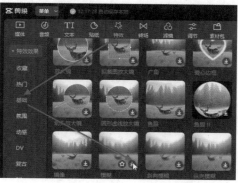

图 10-25

Step05 素材下载完成后，单击"添加到轨道"按钮，如图 10-26 所示。

Step 06 可以看到素材被添加到"时间线"面板中,设置特效的持续时间,使其与素材保持一致,如图 10-27 所示。

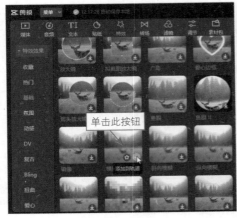
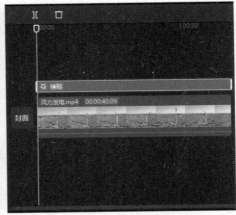

图 10-26   图 10-27

Step 07 单击界面右上角的"导出"按钮,打开"导出"对话框,在"作品名称"文本框中输入名称"模糊视频",在"导出至"选项中设置文件的保存路径,单击"导出"按钮,如图 10-28 所示。

Step 08 返回剪映界面,删除"模糊"特效,导入刚刚导出的"模糊视频"素材,将其拖入"时间线"面板中,如图 10-29 所示。

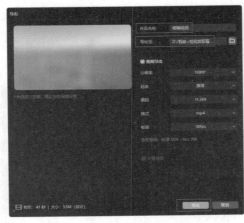
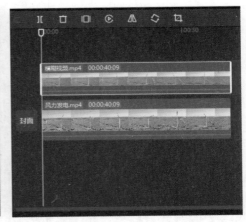

图 10-28   图 10-29

Step 09 选择"模糊视频"素材,在操作区的"画面"面板中选择"蒙版"选项卡,选择"矩形"蒙版,在预览窗口中调整蒙版的位置和大小,使其覆盖住水印文字,通过以上步骤即可完成遮挡视频水印的操作,如图 10-30 所示。

图 10-30

10.3.2 实战案例——人物遮挡文字跟随显示效果

实例素材文件保存路径：配套素材 \ 素材文件 \ 第 10 章 \ 回不去的青春 .mp4
实例效果文件名称：人物遮挡文字跟随显示效果 .mp4

本案例主要利用剪映电脑版的"线性蒙版"和关键帧功能来进行制作，下面详细介绍制作人物遮挡文字跟随显示效果的方法。

Step01 启动剪映电脑版，在功能区的"媒体"面板中单击"素材库"下拉按钮，将"黑场"素材添加到"时间线"面板中，如图 10-31 所示。

Step02 设置素材持续时间为 9 秒，在功能区中选择"文本"选项卡，将"默认文本"添加到"时间线"面板中，如图 10-32 所示。

图 10-31

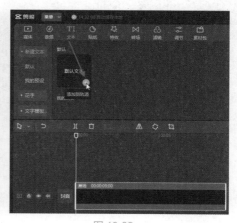

图 10-32

Step03 设置文本字幕的持续时间与黑景素材一致，在操作区的"文本"面板中选择"基础"选项卡，输入内容，设置字体和大小，如图 10-33 所示。

Step 04 单击界面右上角的"导出"按钮，打开"导出"对话框，在"作品名称"文本框中输入名称"回不去的青春"，在"导出至"选项中设置文件的保存路径，单击"导出"按钮，如图 10-34 所示。

图 10-33   图 10-34

Step 05 完成导出后，单击界面左上角的"菜单"下拉按钮，执行"文件"→"新建草稿"命令，如图 10-35 所示。

Step 06 打开新建草稿的界面，将刚刚导出的"回不去的青春"视频素材导入到"媒体"面板中，单击"素材库"下拉按钮，在搜索框中输入"走路的人"，单击想要使用的素材中的"下载"按钮，如图 10-36 所示。

图 10-35   图 10-36

Step 07 将走路素材添加到"时间线"面板中，将"回不去的青春"素材添加到画中画轨道中，如图 10-37 所示。

Step 08 选择"回不去的青春"素材，在操作区的"画面"面板中选择"基础"选项卡，设置"混合模式"为"滤色"选项，如图 10-38 所示。

Step 09 复制走路视频到新轨道中，如图 10-39 所示。

Step 10 选择复制出的走路素材，在操作区的"画面"面板中选择"抠像"选项卡，勾选"智能抠像"复选框，可以看到在预览窗口中只保留了人物，背景被抠除，人物覆盖在文字上方，如图 10-40 所示。

图 10-37

图 10-38

图 10-39

图 10-40

Step 11 选择文字视频，在素材开始处，在操作区的"画面"面板中选择"蒙版"选项卡，选择"线性"蒙版，设置"位置"和"旋转"参数，单击"位置"选项右侧的"添加关键帧"按钮，如图 10-41 所示。

Step 12 将时间指示器移至 6 秒 3 帧的位置，修改"位置"参数，如图 10-42 所示。

图 10-41

图 10-42

第 11 章
视频转场效果的制作与应用

【本章主要内容】

　　本章主要介绍添加、删除转场和设置转场时长方面的知识与技巧，在本章的最后还针对实际的工作需求，讲解了制作模拟翻书的翻页转场效果、制作人物叠影的叠化转场效果的方法。通过本章的学习，读者可以掌握视频转场效果制作与应用方面的知识，为深入学习剪映知识奠定基础。

本章学习素材

■ 11.1　添加、删除和设置转场

　　视频转场也称为视频过渡或视频切换，使用转场效果可以使一个场景平缓且自然地转换到下一个场景，同时可以极大地增加影片的艺术感染力。在进行视频剪辑时，利用转场可以改变视角，推进故事的进行，避免两个镜头之间产生突兀的跳动。本节将详细介绍使用剪映电脑版添加、删除和设置转场的方法。

11.1.1　添加和删除转场

　　使用剪映电脑版添加和删除转场的方法非常简单，下面详细介绍操作方法。

图 11-1

Step01　启动剪映电脑版，在功能区的"媒体"面板中单击"导入"按钮，如图 11-1 所示。

Step02　打开"请选择媒体资源"对话框，选择素材所在位置，选中准备导入的素材，单击"导入"按钮，如图 11-2 所示。

Step03　可以看到素材被导入到功能区的"媒体"面板中，将其拖入"时间线"面板中，如图 11-3 所示。

Step04　在功能区中选择"转场"选项卡，选择"运镜"选项，单击"无限穿越"转场的"下载"按钮，如图 11-4 所示。

图 11-2　　　　　　　　　　　　　　　　　　图 11-3

Step 05　转场下载完成后，单击"无限穿越"转场的"添加到轨道"按钮，如图 11-5 所示。

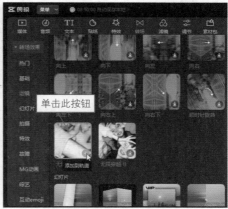

图 11-4　　　　　　　　　　　　　　　　　　图 11-5

Step 06　可以看到素材 1 和素材 2 之间已经添加了转场，单击"删除"按钮，如图 11-6 所示。

Step 07　即可将转场删除，通过以上步骤即可完成添加和删除转场的操作，如图 11-7 所示。

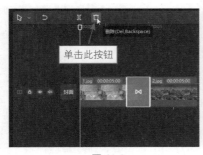

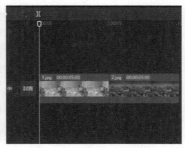

图 11-6　　　　　　　　　　　　　　　　　　图 11-7

11.1.2 设置转场的时长

为素材添加了转场后，用户还可以设置转场的持续时间，下面介绍设置转场时长的操作方法。

Step 01 在"时间线"面板中选择转场，如图 11-8 所示。

Step 02 在操作区的"转场"面板中设置"时长"为 1.0s，如图 11-9 所示。

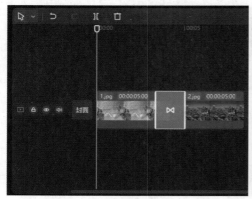

图 11-8   图 11-9

知识常识

单击"转场"面板中的"应用全部"按钮，可以将转场效果及设置的时长应用到所有素材上。

■ 11.2 视频转场特效应用

微视频

本节主要通过实际案例讲解各种转场效果的应用，包括制作模拟翻书的翻页转场效果和制作人物叠影的叠化转场效果。

11.2.1 实战案例——模拟翻书的翻页转场

实例素材文件保存路径：配套素材 \ 素材文件 \ 第 11 章 \11.2.1
实例效果文件名称：模拟翻书的翻页转场 .mp4

本节将介绍翻页转场的制作方法，主要使用剪映电脑版的"翻页"转场功能来实现，模拟出翻书般的视频场景切换效果，下面介绍具体的操作方法。

Step 01 启动剪映电脑版，在功能区的"媒体"面板中单击"导入"按钮，如图 11-10 所示。

Step02 打开"请选择媒体资源"对话框，选择素材所在位置，选中准备导入的素材，单击"导入"按钮，如图 11-11 所示。

图 11-10　　　　　　　　　　　　　　图 11-11

Step03 可以看到素材被导入到功能区的"媒体"面板中，将其拖入"时间线"面板中，如图 11-12 所示。

Step04 在功能区中选择"转场"选项卡，选择"幻灯片"选项，单击"翻页"转场的"下载"按钮，如图 11-13 所示。

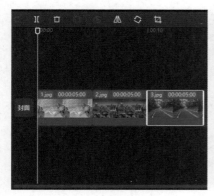

图 11-12　　　　　　　　　　　　　　图 11-13

Step05 转场下载完成后，单击"翻页"转场的"添加到轨道"按钮⊞，如图 11-14 所示。

Step06 可以看到素材 1 和素材 2 之间已经添加了转场，如图 11-15 所示。

Step07 使用相同的方法为素材 2 和素材 3 之间添加"翻页"转场，如图 11-16 所示。

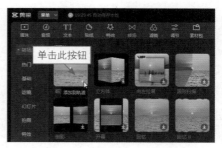

图 11-14

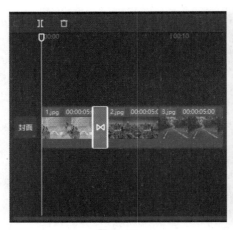
图 11-15

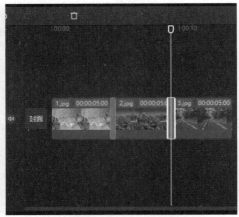
图 11-16

Step 08 选择素材 1 和素材 2 之间的转场，在操作区的"转场"面板中设置"时长"为 1.0s，单击"应用全部"按钮，如图 11-17 所示。

Step 09 通过以上步骤即可完成制作模拟翻书的翻页转场视频的操作，如图 11-18 所示。

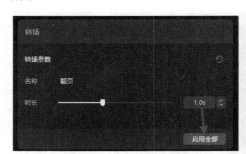
图 11-17

图 11-18

11.2.2　实战案例——人物叠影的叠化转场

实例素材文件保存路径：配套素材 \ 素材文件 \ 第 11 章 \11.2.2
实例效果文件名称：人物叠影的叠化转场 .mp4

本节将介绍叠化转场的制作方法，主要使用剪映电脑版的"叠化"转场功能来实现，模拟出人物叠影的视频场景切换效果，下面介绍具体的操作方法。

Step 01 启动剪映电脑版，在功能区的"媒体"面板中单击"导入"按钮，如图 11-19 所示。

Step 02 打开"请选择媒体资源"对话框，选择素材所在位置，选中准备导入的素材，单击"导入"按钮，如图 11-20 所示。

图 11-19　　　　　　　　　　　　　　图 11-20

Step 03　可以看到素材被导入到功能区的"媒体"面板中，将其拖入"时间线"面板中，如图 11-21 所示。

Step 04　在播放区设置播放比例为"9:16"，选择素材 1，在操作区的"画面"面板中选择"基础"选项卡，设置"缩放"参数，使素材铺满整个屏幕，如图 11-22 所示。

图 11-21　　　　　　　　　　　　　　图 11-22

Step 05　在功能区中选择"转场"选项卡，选择"热门"选项，单击"叠化"转场的"下载"按钮，如图 11-23 所示。

Step 06　转场下载完成后，单击"叠化"转场的"添加到轨道"按钮 ，如图 11-24 所示。

图 11-23　　　　　　　　　　　　　　图 11-24

Step07 可以看到素材 1 和素材 2 之间已经添加了转场,如图 11-25 所示。

Step08 使用相同的方法为素材 2 和素材 3 之间添加"叠化"转场。选择素材 1 和素材 2 之间的转场,在操作区的"转场"面板中设置"时长"为 1.0s,单击"全部应用"按钮,如图 11-26 所示。

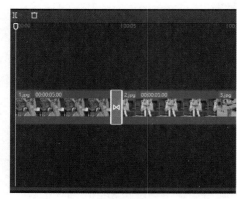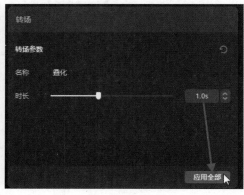

图 11-25　　　　　　　　　　　　　　　　图 11-26

通过以上步骤即可完成制作人物叠影的叠化转场视频的操作,如图 11-27 所示。

图 11-27

第 12 章
视频制作综合案例

【本章主要内容】

本章主要介绍制作 Vlog 片头和制作轮播相册这两个案例，综合运用本书前面几章讲解的知识点，达到融会贯通、学以致用的目的。

本章学习素材

■ 12.1　Vlog 片头制作

本节案例将制作 Vlog 片头，主要步骤有应用"黑场"和"白场"素材，添加"默认文本"素材，将文本素材作为视频导出，对文本素材视频使用"混合模式"功能，设置"位置""旋转""不透明度"关键帧动画等。

微视频

实例素材文件保存路径：配套素材 \ 素材文件 \ 第 12 章 \12.1
实例效果文件名称：Vlog 片头制作 .mp4

Step01 启动剪映电脑版，在功能区的"媒体"面板中单击"导入"按钮，如图 12-1 所示。

Step02 打开"请选择媒体资源"对话框，选择素材所在位置，选中准备导入的素材，单击"导入"按钮，如图 12-2 所示。

图 12-1

图 12-2

Step03 可以看到素材被导入到功能区的"媒体"面板中，单击"素材库"下拉按钮，选择"热门"选项，单击"黑场"素材中的"添加到轨道"按钮，如图 12-3 所示。

Step 04 可以看到"黑场"素材已被添加到"时间线"轨道中，在功能区中选择"文本"选项卡，单击"默认文本"素材中的"添加到轨道"按钮，如图 12-4 所示。

图 12-3 图 12-4

Step 05 将"默认文本"素材移至画中画轨道上，调整持续时间与"黑场"素材对齐，在操作区的"文本"面板中选择"基础"选项卡，输入文本内容，设置字体，在预览窗口中调整字幕大小，如图 12-5 所示。

图 12-5

图 12-6

Step 06 在功能区中选择"媒体"选项卡，单击"素材库"下拉按钮，选择"热门"选项，单击"白场"素材中的"添加到轨道"按钮，如图 12-6 所示。

Step 07 将"白场"素材添加到"时间线"轨道中，单击"裁剪"按钮 ▣，如图 12-7 所示。

Step 08 打开"裁剪"对话框，设置裁剪比例为"1:1"，单击"确定"按钮，如图 12-8 所示。

图 12-7　　　　　　　　　　　　图 12-8

Step09　在"时间线"面板中将"白场"素材放置在中间的轨道上，如图 12-9 所示。

Step10　在预览窗口中调整白场素材的大小，使其稍小于字幕即可，如图 12-10 所示。

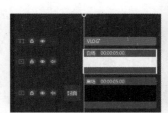

图 12-9

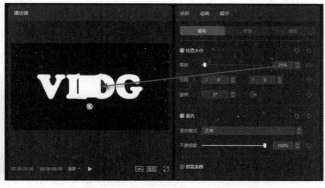

图 12-10

Step11　在"时间线"面板中选择文本字幕素材，在操作区的文本框中输入空格，并通过调整"位置"参数使"白场"素材放置在文本中间，在预览窗口中查看效果，单击"导出"按钮，如图 12-11 所示。

图 12-11

Step12 打开"导出"对话框，输入名称，设置保存路径，单击"导出"按钮，如图12-12 所示。

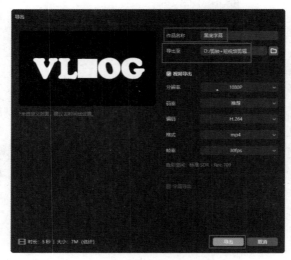

图 12-12

Step13 将"时间线"面板中的素材都删除，在功能区中选择"媒体"选项卡，单击"本地"下拉按钮，单击"导入"按钮，将刚刚导出的"黑底字幕"素材导入进来，如图 12-13 所示。

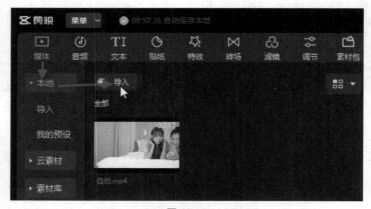

图 12-13

Step14 将"自拍"视频拖入"时间线"面板的轨道中，再将"黑底字幕"素材拖入画中画轨道中，并复制一份，如图 12-14 所示。

Step15 单击最上面轨道的"隐藏轨道"按钮 👁，将轨道隐藏，选择中间轨道中的素材，如图 12-15 所示。

图 12-14

图 12-15

Step16　在操作区的"画面"面板中选择"基础"选项卡，设置"混合模式"为"正片叠底"，在预览窗口中查看效果，如图 12-16 所示。

图 12-16

Step17　单击最上面轨道的"隐藏轨道"按钮◉，取消轨道隐藏，选择轨道中的素材，如图 12-17 所示。

图 12-17

Step 18 在操作区的"画面"面板中选择"基础"选项卡，设置"混合模式"为"滤色"，将时间指示器移至 1 秒的位置，单击"位置"和"旋转"选项右侧的"添加关键帧"按钮 ◈，如图 12-18 所示。

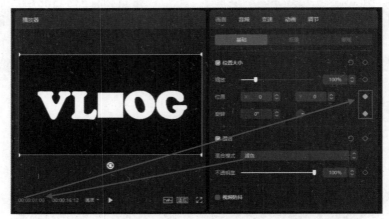

图 12-18

Step 19 将时间指示器移至 2 秒的位置，设置"位置"和"旋转"参数，添加第 2 组关键帧，如图 12-19 所示。

图 12-19

Step 20 将时间指示器移至 2 秒 15 帧的位置，设置"位置"和"旋转"参数，添加第 3 组关键帧，如图 12-20 所示。

Step 21 在"时间线"面板中选择中间轨道上的素材，在操作区的"画面"面板中选择"基础"选项卡，将时间指示器移至 2 秒 15 帧的位置，单击"缩放"选项右侧的"添加关键帧"按钮 ◈，如图 12-21 所示。

图 12-20

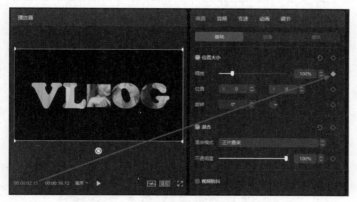

图 12-21

Step22 将时间指示器移至 3 秒 11 帧的位置，设置"缩放"参数为 500%，设置"不透明度"参数为 0% 并单击右侧的"添加关键帧"按钮◈，如图 12-22 所示。

图 12-22

Step23 返回 2 秒 15 帧的位置，设置"不透明度"参数为 100%，如图 12-23 所示。

图 12-23

Step24 将时间指示器移至 1 秒的位置，在功能区中选择"音频"选项卡，单击"音效素材"下拉按钮，选择"机械"选项，单击"胶卷过卷声"素材中的"添加到轨道"按钮，如图 12-24 所示。

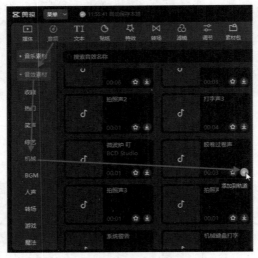

图 12-24

Step25 将音效添加至 1 秒的位置。由于音效的时间过长，在操作区的"音频"面板中选择"变速"选项卡，设置"倍数"为 2.0x，如图 12-25 所示。

Step26 将时间指示器移至音效结束的位置，在功能区中选择"音频"选项卡，单击"音效素材"下拉按钮，选择"转场"选项，单击"'咻'1"素材中的"添加到轨道"按钮，如图 12-26 所示。

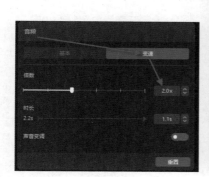

图 12-25

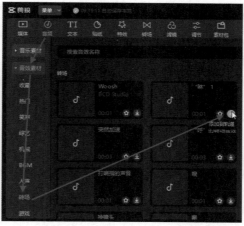

图 12-26

Step 27 通过以上步骤即可完成制作 Vlog 片头视频的操作，如图 **12-27** 所示。

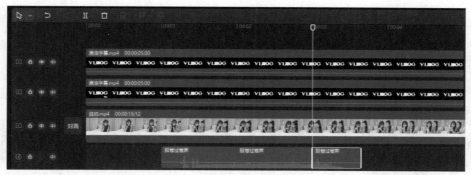

图 12-27

■ 12.2　轮播相册制作

本节案例将制作轮播相册，主要步骤有导入素材，应用剪映"素材库"中的素材，为图片素材添加"位置"和"缩放"关键帧，添加背景音乐，裁剪音乐素材，为音乐素材设置淡出效果等。

微视频

实例素材文件保存路径：配套素材 \ 素材文件 \ 第 12 章 \12.2
实例效果文件名称：轮播相册制作 .mp4

Step 01 启动剪映电脑版，在功能区的"媒体"面板中单击"导入"按钮，如图 **12-28** 所示。

Step 02 打开"请选择媒体资源"对话框，选择素材所在位置，选中准备导入的素材，单击"导入"按钮，如图 **12-29** 所示。

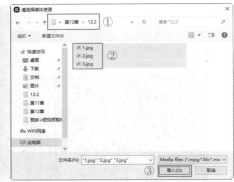

图 12-28   图 12-29

Step03 在功能区中选择"媒体"选项卡，单击"素材库"下拉按钮，选择"热门"选项，单击准备应用的素材，在预览窗口中查看素材，单击素材中的"添加到轨道"按钮，如图 12-30 所示。

Step04 将素材添加到"时间线"轨道中，将导入的"1.jpg"素材拖入画中画轨道中，设置持续时间为 6 秒，如图 12-31 所示。

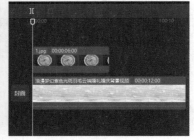

图 12-30   图 12-31

Step05 选择"1.jpg"素材，在操作区的"画面"面板中选择"基础"选项卡，设置"缩放"和"位置"参数，单击右侧的"添加关键帧"按钮◇，如图 12-32 所示。

Step06 将时间指示器移至 2 秒的位置，设置"缩放"和"位置"参数，添加第 2 组关键帧，如图 12-33 所示。

Step07 将时间指示器移至 4 秒的位置，设置"缩放"和"位置"参数，添加第 3 组关键帧，如图 12-34 所示。

图 12-32

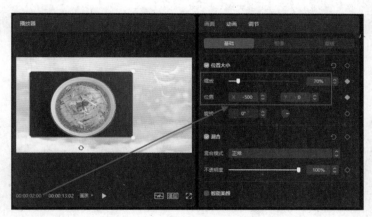

图 12-33

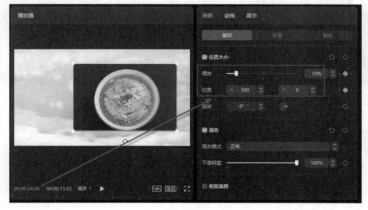

图 12-34

Step08 将时间指示器移至 5 秒 29 帧的位置，设置"缩放"和"位置"参数，添加第 4 组关键帧，如图 12-35 所示。

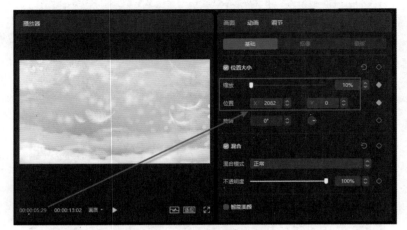

图 12-35

Step09 将导入的"2.jpg"素材拖入画中画轨道中，设置持续时间为 6 秒，如图 12-36 所示。

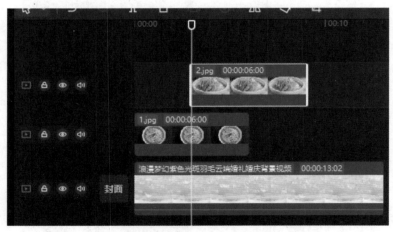

图 12-36

Step10 选择"2.jpg"素材，将时间指示器移至 3 秒处，在操作区的"画面"面板中选择"基础"选项卡，设置"缩放"和"位置"参数，单击右侧的"添加关键帧"按钮◎，如图 12-37 所示。

Step11 将时间指示器移至 5 秒的位置，设置"缩放"和"位置"参数，添加第 2 组关键帧，如图 12-38 所示。

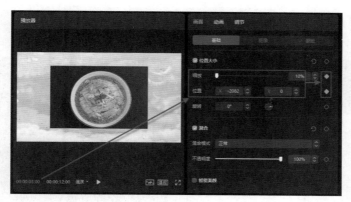

图 12-37

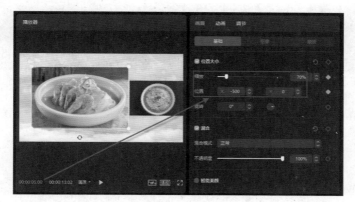

图 12-38

Step12 将时间指示器移至 7 秒的位置，设置"缩放"和"位置"参数，添加第 3 组关键帧，如图 12-39 所示。

图 12-39

Step13 将时间指示器移至 8 秒 29 帧的位置,设置"缩放"和"位置"参数,添加第 4 组关键帧,如图 12-40 所示。

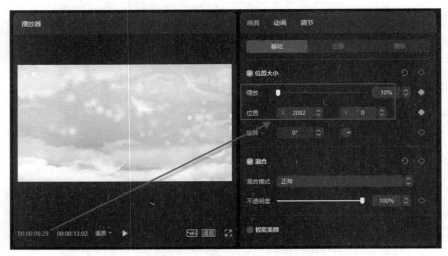

图 12-40

Step14 将导入的"3.jpg"素材拖入画中画轨道中,设置持续时间为 6 秒,如图 12-41 所示。

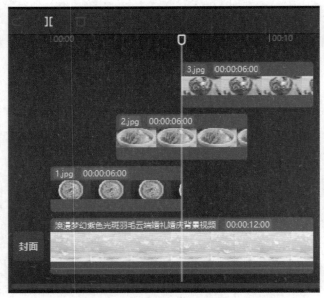

图 12-41

Step15 选择"3.jpg"素材，将时间指示器移至 6 秒处，在操作区的"画面"面板中选择"基础"选项卡，设置"缩放"和"位置"参数，单击右侧的"添加关键帧"按钮◆，如图 12-42 所示。

图 12-42

Step16 将时间指示器移至 8 秒的位置，设置"缩放"和"位置"参数，添加第 2 组关键帧，如图 12-43 所示。

图 12-43

Step17 将时间指示器移至 10 秒的位置，设置"缩放"和"位置"参数，添加第 3 组关键帧，如图 12-44 所示。

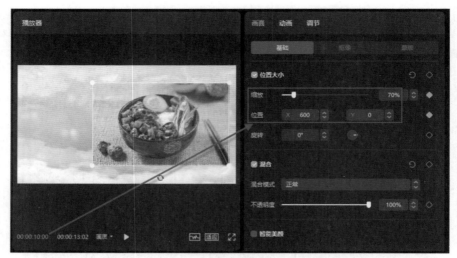

图 12-44

Step 18 将时间指示器移至 11 秒 29 帧的位置，设置"缩放"和"位置"参数，添加第 4 组关键帧，如图 12-45 所示。

图 12-45

Step 19 在功能区中选择"音频"选项卡，单击"音乐素材"下拉按钮，在搜索框中输入歌曲名称，单击"搜索"按钮，在搜索到的歌曲上单击进行试听，单击素材中的"添加到轨道"按钮，如图 12-46 所示。

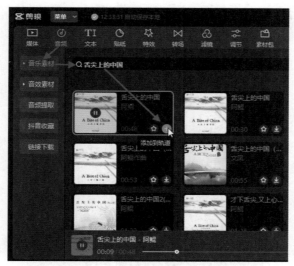

图 12-46

Step20　将歌曲添加到"时间线"面板中，设置持续时间，使其与背景素材对齐，如图 12-47 所示。

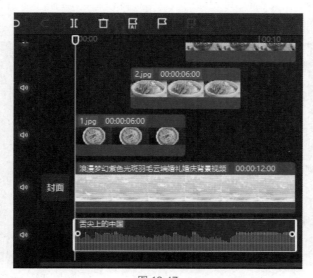

图 12-47

Step21　在操作区的"音频"面板中选择"基本"选项卡，设置"淡出时长"为 2.0s，如图 12-48 所示。

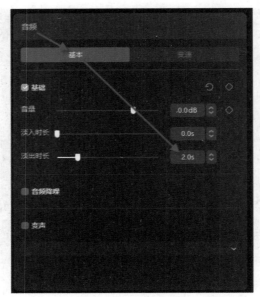

图 12-48

Step 22 可以看到背景音乐结尾处的音波以圆弧形逐渐减弱，表示已经添加了淡出设置。通过以上步骤即可完成制作轮播相册视频的操作，如图 **12-49** 所示。

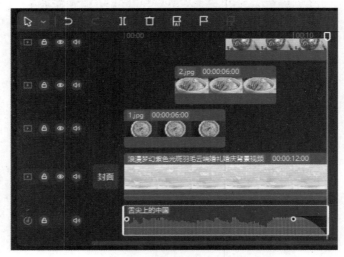

图 12-49